Das Mathebuch 4

Arbeitsheft

Herausgegeben von
Karl-Heinz Keller und Peter Pfaff

Erarbeitet von
Hendrik Simon
Nina Simon

Mildenberger Verlag

1 Welche Zahlen sind es? Trage ein.

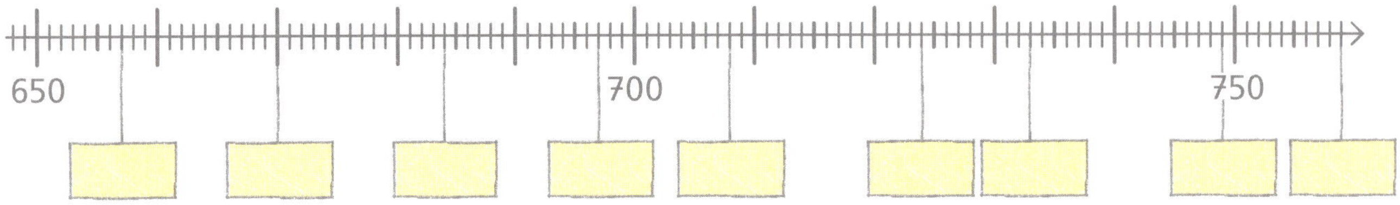

2 Verbinde die Zahlenkärtchen mit der richtigen Stelle am Zahlenstrahl.

461 448 475 502 538 517 559 545

3 Schreibe zu jeder Zahl die Nachbarzehner.

a)	b)	c)
< 345 <	< 412 <	< 998 <
< 709 <	< 678 <	< 567 <
< 399 <	< 232 <	< 894 <

4 Schreibe zu jeder Zahl die Nachbarhunderter.

a)	b)	c)
< 703 <	< 378 <	< 699 <
< 266 <	< 704 <	< 547 <
< 420 <	< 888 <	< 911 <

5 Setze die Zahlenfolgen fort.

a)

384	396	408			

b)

535	495	455			

c)

173	243	313			

d)

999	884	769			

6 Immer drei Kärtchen passen zusammen. Färbe zusammengehörige Kärtchen in derselben Farbe.

900 + 60 + 8

T	H	Z	E
	8	9	6

986

T	H	Z	E
	9	6	8

800 + 60 + 9

968

T	H	Z	E
	8	6	9

900 + 80 + 6

896

869

800 + 90 + 6

T	H	Z	E
	9	8	6

1 453 367 211 609 745

a) Bilde drei Additionsaufgaben mit jeweils zwei Zahlen. Addiere schriftlich.

b) Bilde drei Subtraktionsaufgaben mit jeweils zwei Zahlen. Subtrahiere schriftlich.

2 Rechne im Kopf oder schriftlich. Wie heißt der Lösungssatz?

R	N	E	C	I	Z	T	W	A	O	G	P	H
99	114	200	347	420	444	462	536	560	608	619	728	803

345 + 383 =
80 + 528 =
300 − 201 =
322 + 140 =
740 − 180 =

314 − 200 =
200 + 220 =
703 − 84 =
871 − 772 =
320 + 240 =

478 + 58 =
710 − 150 =
1 000 − 197 =
145 − 46 =
321 + 123 =
108 + 92 =
673 − 253 =
188 + 159 =
901 − 98 =
700 − 500 =
983 − 869 =

176 + 286 =
224 − 125 =
307 + 113 =
33 + 167 =
1 000 − 901 =

Die ☐☐☐☐☐ ☐☐☐☐☐ ist ein altes römisches Stadttor und ein bekanntes ☐☐☐☐☐☐☐☐☐☐☐ der Stadt ☐☐☐☐☐.

3 Finde verschiedene Aufgaben mit demselben Ergebnis.

a) + 8 = 7 4 3

b) 5 + = 7 4 3

c) + 2 = 7 4 3

d) − 9 = 7 4 3

e) 7 − = 7 4 3

1 Mehrere Lösungen sind möglich

1 Rechne schriftlich. Wandle zuerst in Kommazahlen um.

a) 78,8 cm + 37 mm

b) 408 m + 894 cm

c) 792 mm – 56,9 cm

d) 873 cm – 4,16 m

a) b) c) d)

2 Kassenzettel A:

SPORT SHOP

Tennisschläger	109,95 €
Tennisbälle	6,95 €
Tennisschuhe	79,95 €
Tennistasche	39,95 €
Summe	€

Kassenzettel B:

SPORT SHOP

Badeanzug	19,99 €
Bademütze	8,70 €
Schwimmbrille	9,95 €
Summe	€

Kassenzettel C:

SPORT SHOP

Inlineskates	69,95 €
Helm	39,99 €
Protektorenset	12,98 €
Summe	€

a) Überschlage die Summe für jeden Kassenzettel.

Kassenzettel A Ü: ______

Kassenzettel B Ü: ______

Kassenzettel C Ü: ______

b) Berechne die Summe für jeden Kassenzettel. Vergleiche mit deinem Überschlag.

c) Herr Brill hat sich die Tennisausrüstung auf Kassenzettel A gekauft. Er hat mit fünf 50-Euro-Scheinen bezahlt.

F: ______

L:

A: ______

d) Frau Engels hat die Inlinerausrüstung gekauft. Nachdem sie bezahlt hat, befinden sich noch 76,34 € in ihrer Geldbörse.

F: ______

L:

A: ______

1 a)

·	60	4	64
4			
6			
8			

b)

·	70	3	
5			
7			
9			

c)

·	40	4	
2			
5			
8			

2 Setze fort.

a)
46 · 13 =
45 · 14 =
44 · 15 =
· =
· =

b)
83 · 5 =
84 · 6 =
85 · 7 =
· =
· =

c)
128 · 7 =
128 · 6 =
128 · 5 =
· =
· =

3 a)

:	8
360	45
357	44 R 5
372	
384	

b)

:	5
175	
382	
250	
456	

c)

:	6
210	
412	
366	
126	

d)

:	7
238	
278	
364	
506	

4 a)
: 8 = 38 R 3
: 6 = 46 R 2
: 9 = 44 R 5

b)
219 : = 31 R 2
426 : = 85 R 1
748 : = 93 R 4

c)
: = R 3
: = R 7
: = R 4

5 Für den Ausflug in das Naturkundemuseum müssen alle Viertklässler 7 € bezahlen. Insgesamt sammeln die Klassenlehrerinnen von den Kindern 623 € ein. Wie viele Viertklässler fahren ins Museum?

L:

A: ______________________________

1 Ergänze das Spiegelbild. Markiere zuerst die Eckpunkte.

a)
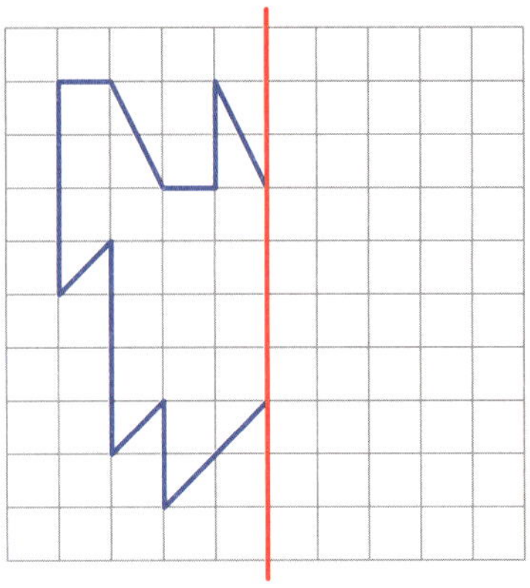

b)
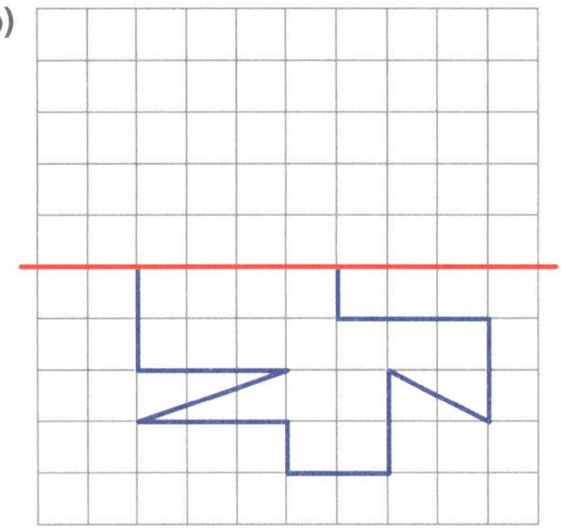

c)
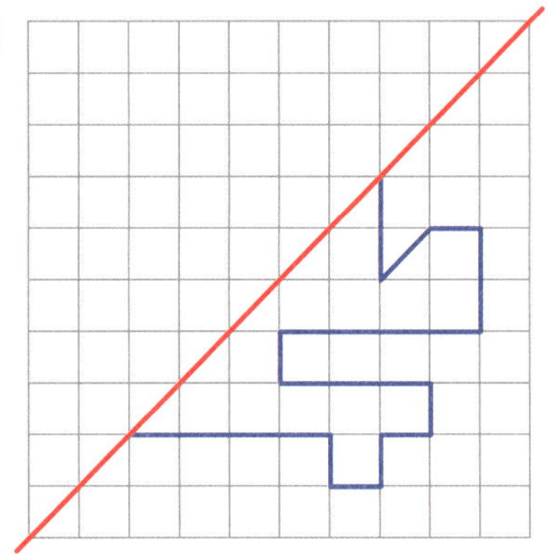

2 Setze die passenden Begriffe ein.

Quader | Kugel | Pyramide | Zylinder | Kegel | Würfel

Der ______________ hat genau so viele Ecken und Kanten wie der ______________.

Die ______________ hat keine Ecken.

Der ______________ hat zwei kreisförmige Flächen.

Der ______________ hat sechs gleichgroße Flächen.

Die ______________ hat eine quadratische Fläche.

Der ______________ hat eine Spitze.

3 Welche Würfel kannst du aus dem Würfelnetz falten? Kreuze an.

4 Zeichne die vergrößerte Figur. Jede Strecke soll doppelt so lang sein.

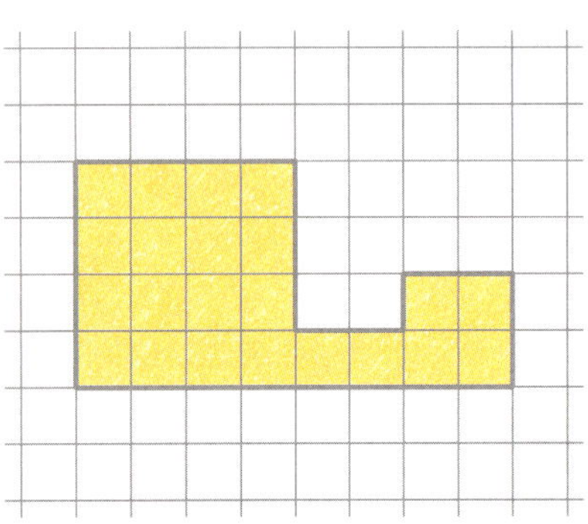

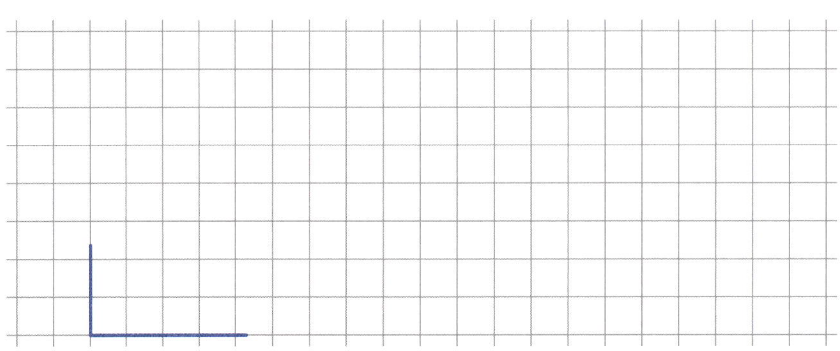

1 Ordne der Größe nach. Beginne mit der kürzesten Zeitdauer.

236 min | 438 s | 12 min 3 s | $5\frac{1}{2}$ h | 2 min 47 s

_____ < _____ < _____ < _____ < _____

2 a)

Anfang	Dauer	Ende
9.00 Uhr	8 h	
18.50 Uhr	3 h 10 min	
16.43 Uhr	40 min	
13.30 Uhr	10 h 28 min	

b)

Anfang	Dauer	Ende
8.00 Uhr		15.00 Uhr
11.57 Uhr		14.18 Uhr
	45 min	0.22 Uhr
	6 h 52 min	19.36 Uhr

c)

Anfang	Dauer	Ende
6.17 Uhr		16.16 Uhr
17.58 Uhr		3.11 Uhr
	1 h 26 min	12.34 Uhr
	12 h 8 min	18.03 Uhr

d)

Anfang	Dauer	Ende
	3 h 49 min	
11.32 Uhr		
		17.17 Uhr
	12 h 1 min	

3 Tim fährt mit seinem Vater von Freiburg nach München. Sie nehmen den Zug um 8.57 Uhr.

a) Wie lange dauert die Zugfahrt nach München?
Löse mit einem Pfeildiagramm.

DB	Zeit
Freiburg Hbf Karlsruhe Hbf	ab 08.57 Uhr an 09.58 Uhr
Karlsruhe Hbf Stuttgart Hbf	ab 10.28 Uhr an 11.04 Uhr
Stuttgart Hbf München Hbf	ab 11.12 Uhr an 13.27 Uhr

L:

A: ______________________________

b) F: ______________________________

L:

A: ______________________________

1 Immer zwei Werte passen zusammen. Färbe die Kärtchen in derselben Farbe.

28 mm	2 cm 8 mm	280 m	280 cm
2,80 m	28 000 cm	0,28 m	28 cm

2 >, < oder = ?

a)	335 cm	3,30 m	b)	2,2 m	220 cm	c) 3 cm 9 mm	39 cm
	8,04 m	8,40 cm		1 m 7 cm	17 m	28,4 cm	8 cm 4 mm
	2 m 96 cm	2,69 m		0,66 m	660 cm	3 mm	0,3 cm

3 Ordne die Gegenstände nach ihrem Gewicht. Beginne mit dem schwersten Gewicht.
Wie heißt das Lösungswort?

E

E

A

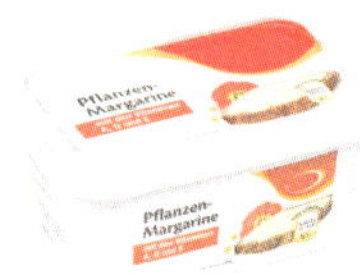
F

R

I

W

A

1 B

G

1	2	3	4	5	6	7	8	9	10
B									

4 Ergänze.

a) 565 g +	= 1 kg	b) 8 g +	$= \frac{1}{2}$ kg	c) 732 g +	$= \frac{3}{4}$ kg
$\frac{1}{4}$ kg +	= 1 kg	500 g +	$= \frac{1}{2}$ kg	$\frac{1}{4}$ kg +	$= \frac{3}{4}$ kg
73 g +	= 1 kg	111 g +	$= \frac{1}{2}$ kg	501 g +	$= \frac{3}{4}$ kg

5 Nele wiegt 29,7 kg. Philipp wiegt $1\frac{1}{2}$ kg mehr als Nele.
Max wiegt 200 g weniger als Alev und 900 g mehr als Nele.

a) Welches Kind ist am schwersten? ________________

b) Wie viel Kilogramm wiegt Nele? ________________

1 Markiere wichtige Angaben und streiche unwichtige Angaben durch. Dann löse und antworte.

An der Zirkuskasse stehen 277 Personen. Der Eintritt für Erwachsene kostet 8,50 € und für Kinder 6,50 €. Im Zelt sitzen bereits 619 Personen.
Die Vorstellung geht von 15.00 Uhr bis 17.30 Uhr. Um 16.00 Uhr gibt es eine 20-minütige Pause. In der Pause werden Popcorn, Eis und Würstchen verkauft.

Wie viele Personen besuchen die Zirkusvorstellung?

L:

A: ______________________________

2 a) Fülle die Tabellen aus.

Eisdiele LA STRADA	
Anzahl Kugeln	Preis in €
1	
2	1,50
3	
4	
5	
6	

Eisdiele Bella Italia	
Anzahl Kugeln	Preis in €
1	
2	
3	
4	
5	
6	6,00

Eisdiele Marco	
Anzahl Kugeln	Preis in €
1	
2	
3	
4	3,12
5	
6	

b) Lars kauft 3 Kugeln Eis und seine Schwester Lara 4 Kugeln.
Ihren Eltern sollen sie jeweils ein Eis mit 5 Kugeln mitbringen.
Berechne, wie viel sie in jeder der drei Eisdielen bezahlen müssen.

L:

A: ______________________________

1 Finde zu jedem farbigen Kärtchen das passende Buchstabenkärtchen.
Färbe es in der jeweiligen Farbe. Wie heißt das Lösungswort?

1 Zehner

1 Zehntausender

1 ~~Hunderter~~

1 Tausender

1 Hunderttausender

1 Million

1 Hunderter

1 Einer

10 Einer | A

100 Hunderter | I

1 Einer | R

10 Hunderttausender | L

100 Einer | P

10 Zehner | M

10 Hunderter | T

10 Zehntausender | E

M					M										

2 Wie viele Tausender sind es?

a)

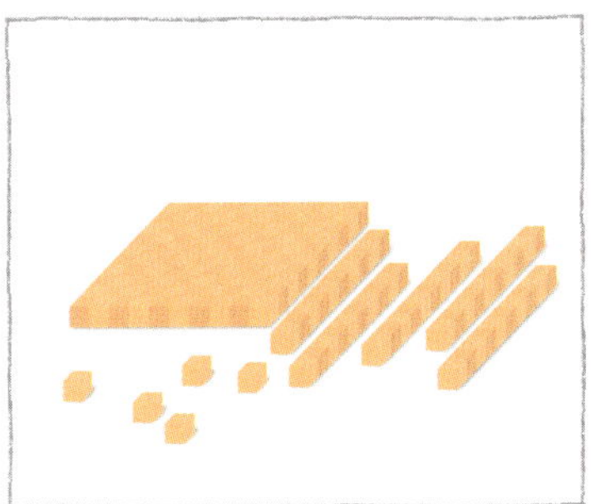

___ Tausender

b)

___ Tausender

c)

___ Tausender

d)

___ Tausender

e)

___ Tausender

f)

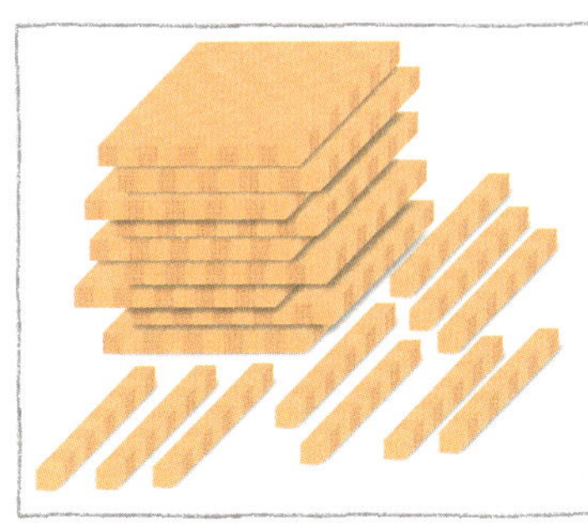

___ Tausender

3 Wie viele Heftklammern sind es?
Streiche falsche Angaben durch.

26 Tausender

26 Zehntausender

260 Tausender

260 Hunderter

1 Trage in die Stellenwerttabelle ein und schreibe als Zahl.

	M	HT	ZT	T	H	Z	E	
a) neuntausendfünfhundertdreizehn				9	5	1	3	9 513
b) dreihundertachttausendsiebenhundertelf								
c) zwölftausendzwölf								
d) siebenhunderttausendneun								
e) vierhundertvierzigtausendvierundvierzig								
f) achthundertsechsundfünfzigtausendsechs								
g) neunzigtausenddreihundertachtundsiebzig								
h) zweihunderttausendeinhundertacht								
i) siebzehntausendzwei								

2 a) Stelle mit dem Zahlenrahmen und den Zahlenkarten 600, 40 und 9 möglichst viele verschiedene fünfstellige Zahlen dar. Notiere deine Zahlen.

b) Stelle mit dem Zahlenrahmen und den Zahlenkarten aus Aufgabe 2a) möglichst viele verschiedene sechsstellige Zahlen dar. Notiere deine Zahlen.

3 hundert | acht | sech | zig | dreißig | tausend | zwölf | vier

a) Färbe die Zahlen, die du mit den Zahlwortkarten darstellen kannst.

860 000	38 412	30 486	600 008	812 004
400 068	830 012	480 012	12 630	43 800
30 008	8 412	60 812	12 860	430 086

b) Finde mindestens fünf weitere Zahlen, die du mit den Zahlwortkarten darstellen kannst.

2 Zahlenrahmen und Zahlenkarten (Beilagen 1 und 2) verwenden
3 Zahlwortkarten (Beilagen 3 und 4) verwenden

zu Schülerbuchseite 19

1 Was passt zusammen? Verbinde.

6ZT 6T 17H 3Z 8E	7ZT 9H 26Z 8E	6ZT 16T 18H 3Z 8E	7ZT 6T 7H 13Z 8E
7ZT 7T 8H 3Z 8E	7ZT 6T 8H 3Z 8E	6ZT 7T 7H 3Z 8E	7ZT 1T 1H 6Z 8E

2 Setze die fehlenden Zahlen ein.

a)

446 797	446 798	446 799					

b)

899 997							900 004

c)

		202 021				202 025	

3 Schreibe die Nachbarzahlen auf.

a) Vorgänger und Nachfolger

	4 299	
	37 800	
	456 018	
	767 291	

b) Nachbarzehner

	5 078	
	17 409	
	322 805	
	36 714	

c) Nachbarhunderter

	56 399	
	782 490	
	9 772	
	230 006	

d) Nachbartausender

	120 478	
	4 611	
	87 888	
	991 090	

4 Ordne der Größe nach. Beginne mit der größten Zahl.

a) 50 256 500 256 250 356 25 256 5 256 550 256

___ > ___ > ___ > ___ > ___ > ___

b) 365 478 360 487 356 478 370 487 355 477 366 488

___ > ___ > ___ > ___ > ___ > ___

1 Welche Zahlen sind es? Trage ein.

a)

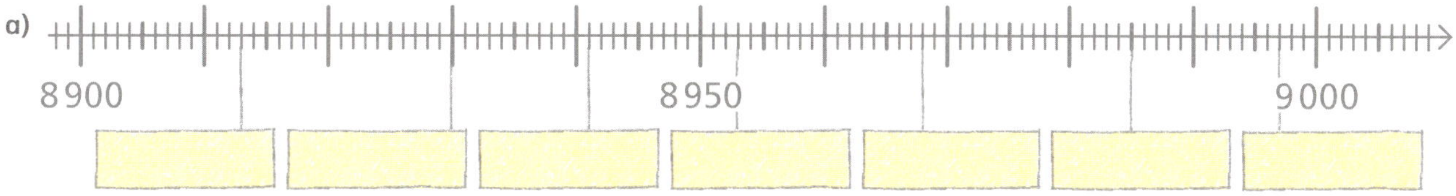

b)

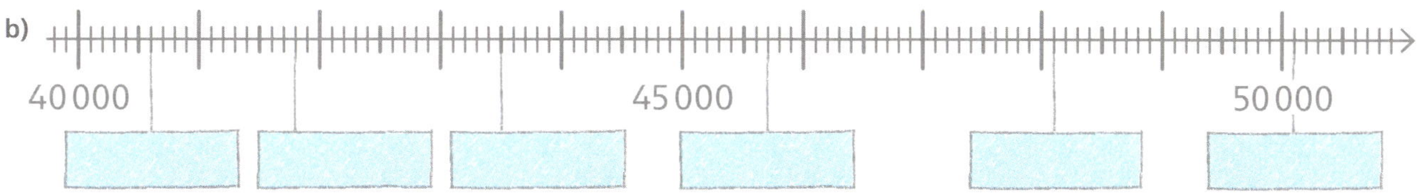

c)

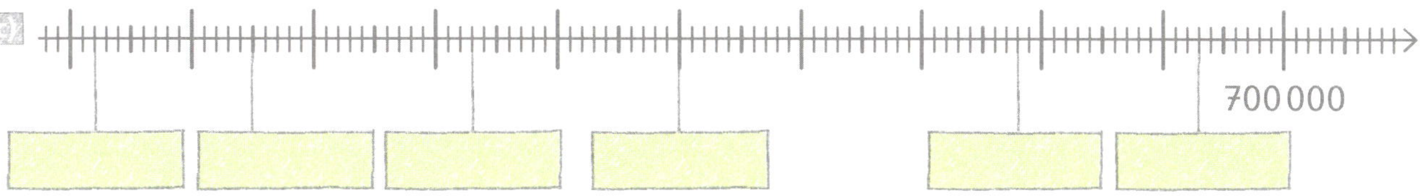

2 Verbinde die Zahlenkärtchen mit der richtigen Stelle am Zahlenstrahl.

a)

8 943 | 8 907 | 8 935 | 8 966 | 9 001 | 8 987

b)

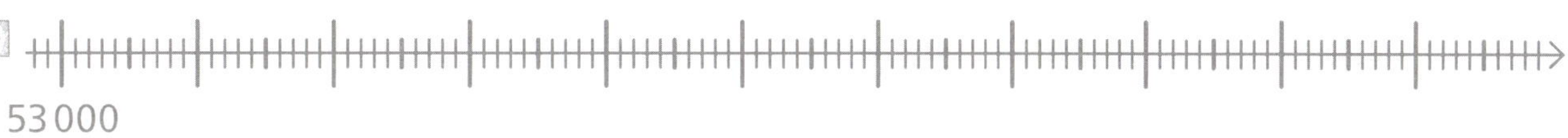

53 026 | 53 004 | 53 032 | 53 077 | 53 051 | 53 089

c)

899 918 | 899 907 | 899 949 | 899 930 | 900 003 | 899 975

1 Runde die Zahlen auf den angegebenen Stellenwert.

a) Zehner (Z)

345 679 ≈

56 604 ≈

700 782 ≈

280 456 ≈

b) Hunderter (H)

846 375 ≈

123 409 ≈

34 682 ≈

100 434 ≈

c) Tausender (T)

11 936 ≈

783 214 ≈

999 497 ≈

237 721 ≈

d) Zehntausender (ZT)

440 613 ≈

27 892 ≈

52 777 ≈

895 319 ≈

e) Hunderttausender (HT)

820 652 ≈

697 566 ≈

89 563 ≈

416 724 ≈

2 Auf welchen Stellenwert wurde gerundet? Schreibe Z, H, T, ZT oder HT hinter den gerundeten Wert.

a) 345 596 ≈ 350 000 ZT

891 343 ≈ 891 340

23 978 ≈ 24 000

560 829 ≈ 561 000

b) 720 482 ≈ 700 000

37 218 ≈ 37 200

319 546 ≈ 320 000

277 809 ≈ 280 000

c) 56 911 ≈ 56 900

618 649 ≈ 620 000

333 333 ≈ 300 000

712 357 ≈ 712 360

3 Der Autohändler Herr Huber hat an einem Tag drei Autos zu unterschiedlichen Preisen verkauft. Er hat rund 77 000 € eingenommen. Welche drei Autos hat er verkauft?

Auto A: 18 579 €

Auto B: 28 699 €

Auto C: 45 999 €

Auto D: 35 809 €

Auto E: 69 099 €

Auto F: 12 149 €

L:

A: ____

____

1 Untersuche die Figuren mit deinem Geodreieck. Zeichne die rechten Winkel ein.

a) 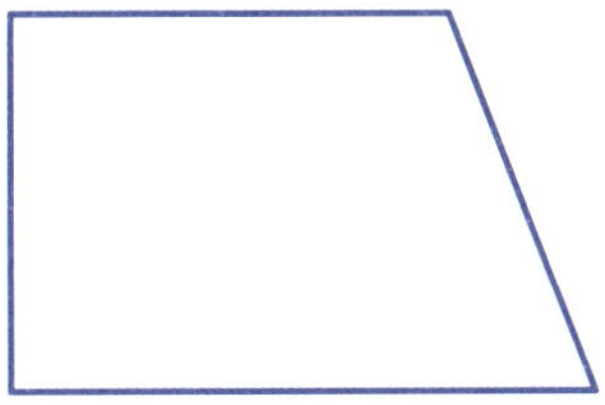

b) 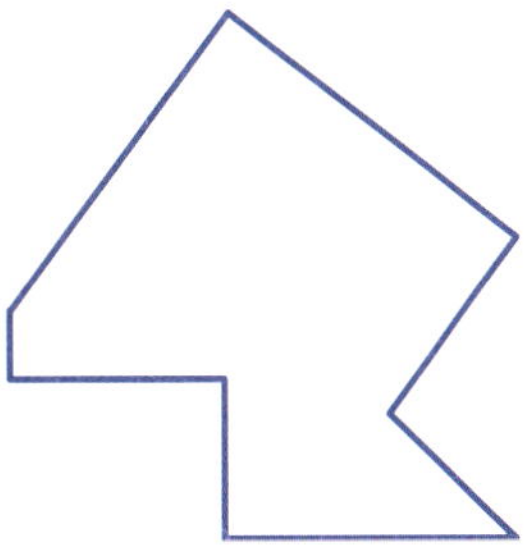

c) 

2 a) Zeichne zu der Geraden a zwei senkrechte Geraden b und c, die einen Abstand von 3 cm zueinander haben.

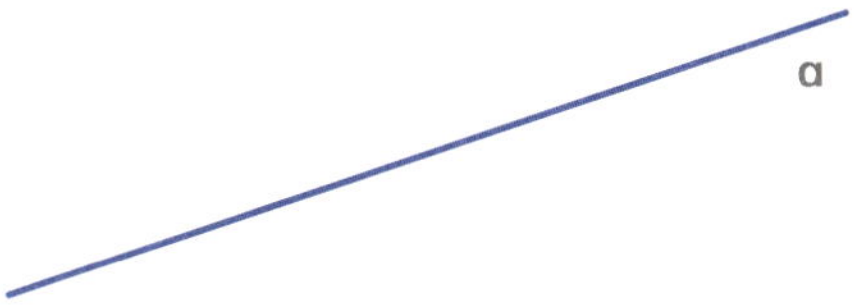

b) Zeichne zu der Geraden a zwei parallele Geraden. Eine Gerade soll durch den Punkt A gehen, die andere durch den Punkt B.

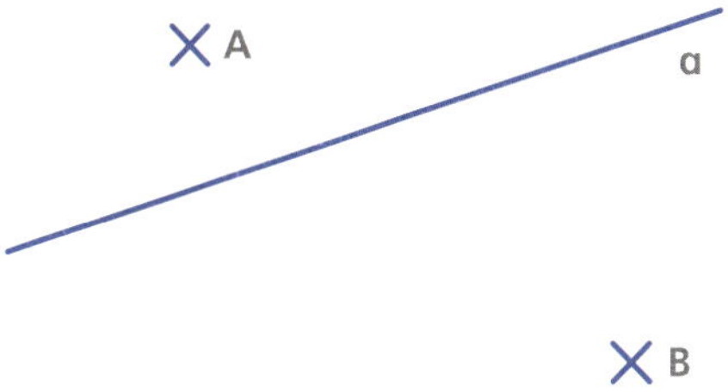

3 Zeichne die Figur möglichst genau ab.

4 Setze die Muster fort.

a) 

b) 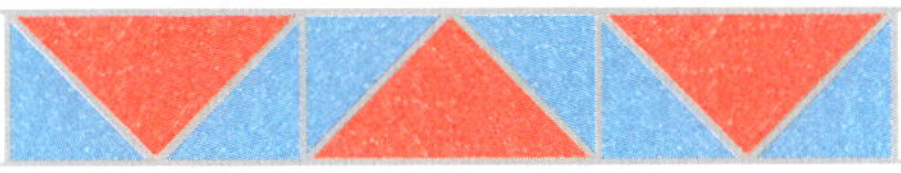

1 Runde die Einwohnerzahlen der Städte auf Zehntausender.

Stadt	Flagge des Bundeslandes	Auto-kennzeichen	Einwohner-zahl	Einwohnerzahl gerundet auf Zehntausender
Braunschweig		BS	245 798	
Dortmund		DO	572 087	
Frankfurt am Main		F	687 775	
Jena		J	106 544	
Karlsruhe		KA	296 033	
Koblenz		KO	109 779	
Leipzig		L	520 838	
Nürnberg		N	495 121	
Potsdam		P	159 456	
Rostock		HRO	202 887	

2 Ordne die Städte aus Aufgabe 1 der Größe nach. Beginne mit der kleinsten Stadt. Verwende die Autokennzeichen.

J < < < < < < < < <

3 Stelle die gerundeten Einwohnerzahlen aus Aufgabe 1 in dem Säulendiagramm dar.

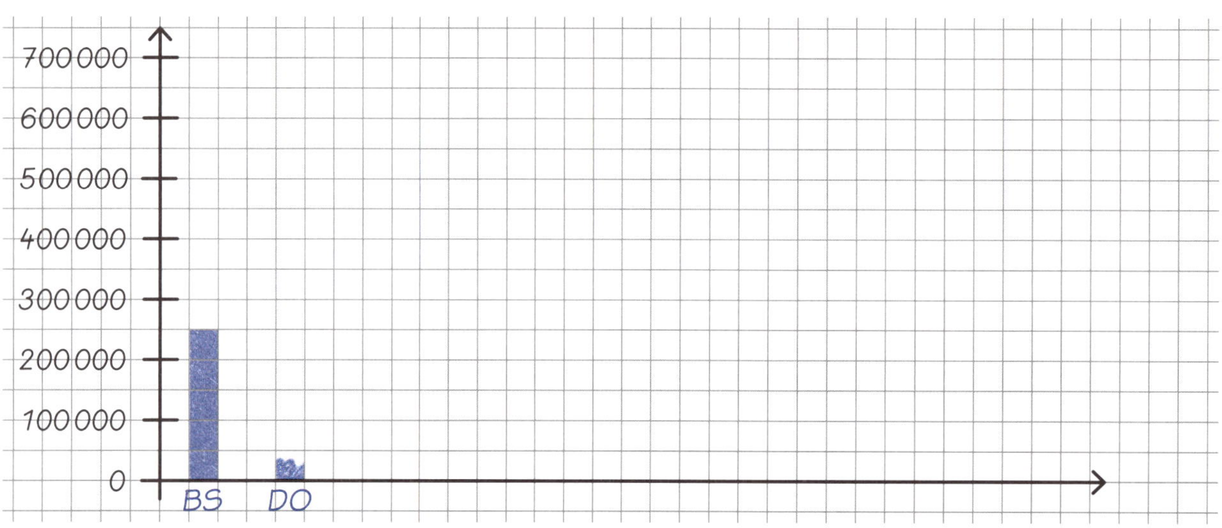

1 Einwohnerzahlen: Stand 2012

1 a)

25 674 + 2 =

25 674 + 20 =

25 674 + 200 =

25 674 + 2 000 =

25 674 + 20 000 =

b)

78 653 + 4 =

78 653 + 40 =

78 653 + 400 =

78 653 + 4 000 =

78 653 + 40 000 =

2 a) ↑ + 3, → + 100

1109			1 409
1106			
1 103	1203		

b) ↑ + 4, → − 1 000

			61 230
64 222			

c) ↑ + 5, → + 1 000

			26 455
23 445			

d) ↑ + 6, → − 10 000

			37 828
67 816			

3 Finde zu jeder Zahl vier verschiedene Zerlegungen.

a) b) c)

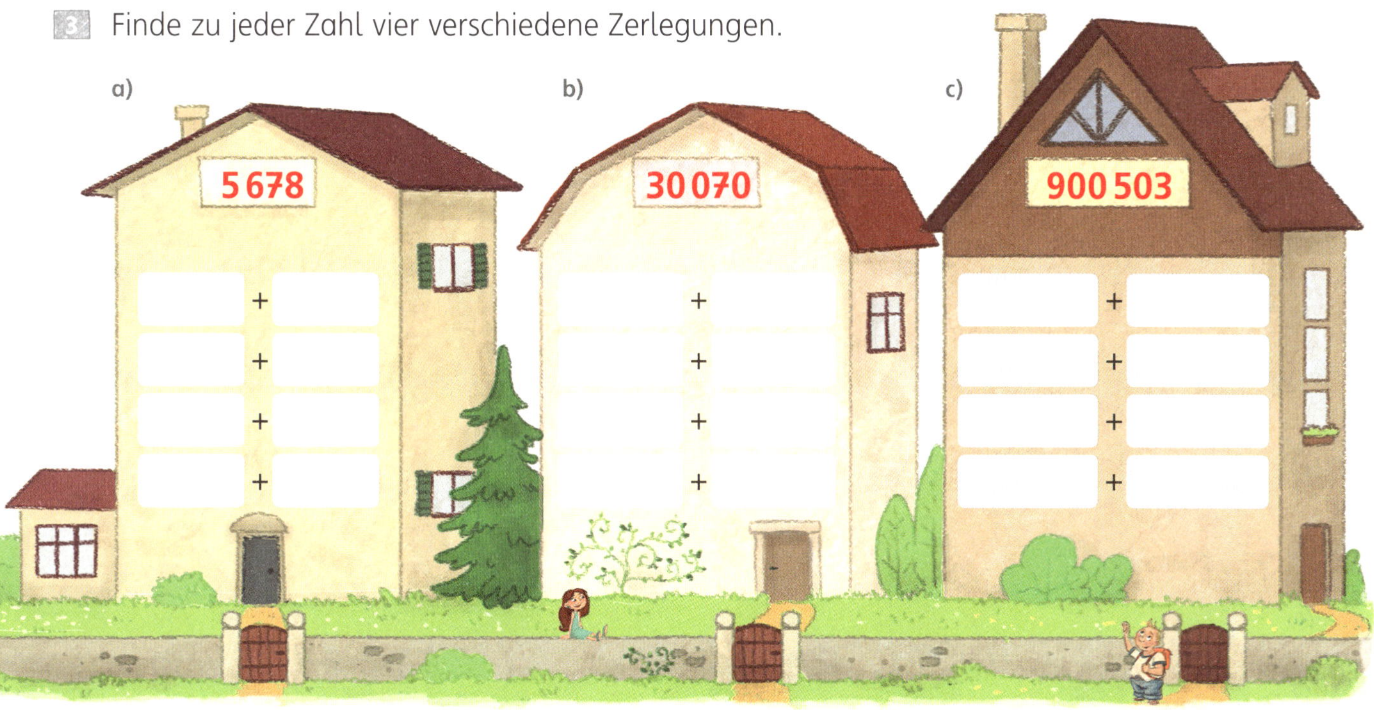

4 a)

23 000 | 15 000 | 24 000 | 17 000

b)

80 500 | | 31 600

37 500 | | 19 600 |

1 Rechne mit einem Trick.

a)
45 998 + 3 999 =
2 998 + 27 998 =
58 995 + 25 996 =
61 998 + 5 994 =

b)
45 998 + 3 999 =
2 998 + 27 998 =
58 995 + 25 996 =
61 998 + 5 994 =

2 a) ↑ + 2 → + 10 998

			66 331
33 333			

↑ + 98 → + 2 999

			54 871
45 678			

b) ↑ + 99 → + 1 997

55 753			
			61 546

↑ + ___ → + ___

13 686			
13 492			43 501

3

a) 34 567 → − 5 999 → ___; − ___ ↘ ↗ +

b) 452 784 → − 39 990 → ___; − ___ ↘ ↗ +

c) 66 796 → − 49 998 → ___; − ___ ↘ ↗ +

d) 50 001 → − 8 992 → ___; − ___ ↘ ↗ +

4 a) ↑ − 9 → − 6 998

			46 372
67 384			

b) ↑ − ___ → − ___

			57 007
86 995			

1 Ordne die Gewichte den Tieren zu. Wie heißt das Lösungswort?

200 kg **W** | 1 kg **H** | 3,5 t **T** | 300 g **I** | 7 t **C** | 3 kg **G** | 600 kg **E**

Antilope

Eisbär

Eichhörnchen

Erdmännchen

Afrikanischer Elefant

Flusspferd

Brillenpinguin

1	2	3	4	5	6	7

2 Ordne der Größe nach. Beginne mit dem größten Gewicht.

660 g | 0,060 kg | 6,6 t | 0,660 t | 666 kg | 606 kg 60 g

> > > > >

3 >, < oder = ?

	a)		b)		c)	
	43,620 kg	4,3 t	4350 kg	8 t	9 kg	0,009 t
	679 g	0,018 kg	19 kg 342 g	19,343 kg	712 kg 604 g	750,342 kg
	5,5 t	5500 kg	6480 g	6,480 t	2 g	0,002 t
	15347 g	16 kg	0,734 kg	734 g	73,055 t	73 t 550 kg

4 Ergänze.

a)		b)		c)	
500 kg +	= 1 t	1050 kg +	= 1,5 t	2000 kg +	= 10 t
$2\frac{1}{2}$ kg +	= 1 t	1 kg +	= 1,5 t	1,5 t +	= 10 t
82 kg +	= 1 t	250 kg +	= 1,5 t	$6\frac{1}{4}$ t +	= 10 t
111 kg +	= 1 t	786 kg +	= 1,5 t	217 kg +	= 10 t

1 Trage die Entfernungsangaben aus deinem Schulbuch (S. 29 Nr. 1) in die Tabelle ein.

Länge in km und m	Kilometer			Meter			Länge in km
	100 km	10 km	1 km	100 m	10 m	1 m	
0 km 800 m			0	8	0	0	0,800 km

2 Ordne der Größe nach. Beginne mit dem kleinsten Wert.

1 050 m | 55,999 km | 7 km 84 m | 7,84 m | 56 304 m | 0,928 km

___ < ___ < ___ < ___ < ___ < ___

3 Wandle in die angegebene Einheit um.

a)		b)		c)	
865 km =	m	47 m =	cm	7 cm =	mm
0,032 km =	m	378 mm =	cm	29,8 cm =	mm
12,8 km =	m	6,88 m =	cm	0,3 cm =	mm

4 Wähle einen Weg aus, der vom Parkplatz zum See führt.
Berechne die Gesamtlänge.

Der Weg ist ___ km lang.

1 Bilde sechs Additionsaufgaben mit jeweils zwei Zahlen. Addiere schriftlich.

305 874 | 21 496 | 423 228 | 170 801 | 9 639 | 76 807 | 591 750

a) b) c)

d) e) f)

2 Bilde sechs Subtraktionsaufgaben mit jeweils zwei Zahlen aus Aufgabe 1.
Subtrahiere schriftlich.

a) b) c)

d) e) f)

3 a) Bilde die Differenz aus 456 781 und 309 692. Addiere dann 255 932.

b) Addiere 642 648 zur Hälfte von 345 674.

c) Subtrahiere 160 012 von 619 861 und verdopple das Ergebnis.

4 Finde jeweils zwei verschiedene Aufgaben mit demselben Ergebnis.

a)

```
  4
+ 4
-----------
  9 3 8 5 1
```

```
  4
+ 4
-----------
  9 3 8 5 1
```

b)

```
  8     3
-   6
-----------
  2 0 1 7 6
```

```
  8     3
-   6
-----------
  2 0 1 7 6
```

1, 2, 4 Mehrere Lösungen sind möglich

1 Welcher Überschlag liegt dem genauen Ergebnis am nächsten?
Kreuze den passenden Überschlag an.

a) 234 578 + 476 219
- 200 000 + 500 000
- 235 000 + 480 000
- 230 000 + 480 000

b) 357 014 + 389 403
- 350 000 + 400 000
- 400 000 + 400 000
- 360 000 + 400 000

c) 415 699 + 113 784
- 420 000 + 100 000
- 415 000 + 114 000
- 416 000 + 114 000

d) 916 789 − 489 561
- 920 000 − 480 000
- 900 000 − 490 000
- 917 000 − 490 000

e) 702 348 − 123 499
- 700 000 − 120 000
- 700 000 − 100 000
- 700 000 − 123 000

f) 630 248 − 399 989
- 600 000 − 400 000
- 630 000 − 390 000
- 630 000 − 400 000

2 Welches Ergebnis passt? Entscheide mithilfe des Überschlags. Verbinde.
Ein Ergebnis bleibt übrig.

498 376 + 217 463 | 419 707 + 265 072 | 356 314 + 349 495 | 434 140 + 299 869

728 549 | 734 009 | 715 839 | 705 809 | 684 779

3 Der Autohändler Herr Lambert hat an einem Tag drei Autos verkauft.

a) Wie viel Geld hat er ungefähr eingenommen? Überschlage.

Ü: ______________________________

A: ______________________________

____

b) Wie viel Geld hat er genau eingenommen?

L:

A: ______________________________

____

1

MÆRSK MC-KINNEY MØLLER

Länge des Decks	**399 m**
Breite des Decks	**59 m**
Rumpfhöhe	**30,30 m**
max. Tiefgang	**15,50 m**
Gewicht (leer)	**79 120 t**
max. Gewicht	**194 849 t**
Ladekapazität	**18 270 Container**
Motorleistung	**43 000 PS**
Höchstgeschwindigkeit	**37 km pro Stunde**

Der Tiefgang eines Schiffes gibt an, wie weit der tiefste Punkt des Schiffes unter der Wasseroberfläche liegen kann.

a) Wieso ändert sich der Tiefgang, wenn ein Schiff be- oder entladen wird?

____

____

____

____

b) Berechne, wie weit der Rumpf des Containerschiffes bei voller Beladung noch aus dem Wasser ragt.

L:

A: ______________________________

____

2 Ein Fußballfeld ist etwa 60 m breit und 100 m lang. Wie viele Fußballfelder hätten ungefähr auf dem Deck des Containerschiffes Platz?

L:

A: ______________________________

3 Wie viele Kilometer fährt das Schiff bei ständiger Höchstgeschwindigkeit an einem Tag?

L:

A: ______________________________

____

____

____

1 Bestimme den Umfang und den Flächeninhalt der Figuren.

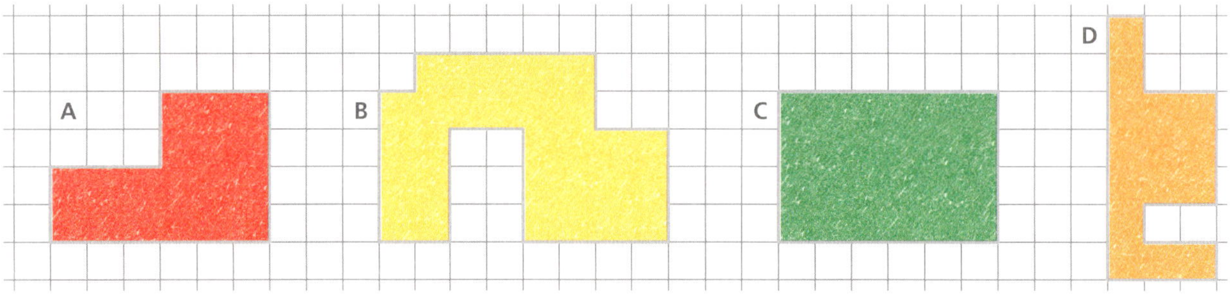

Figur	Umfang in Kästchenlängen	Flächeninhalt in Quadraten □
A		
B		
C		
D		

2 Bestimme den Flächeninhalt der Figuren.

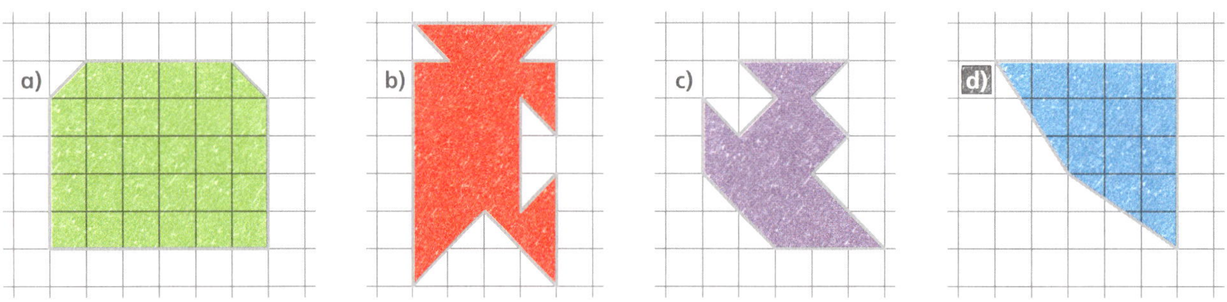

□	◺

□	◺

□	◺

□	◺

3 Welche Figuren haben den gleichen Flächeninhalt wie die Ausgangsfigur? Kreise ein.

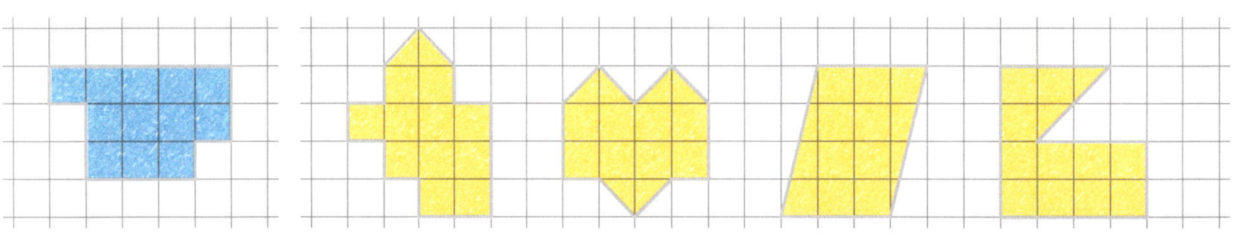

4 Zeichne drei verschiedene Figuren, die den gleichen Flächeninhalt wie die Ausgangsfigur haben.

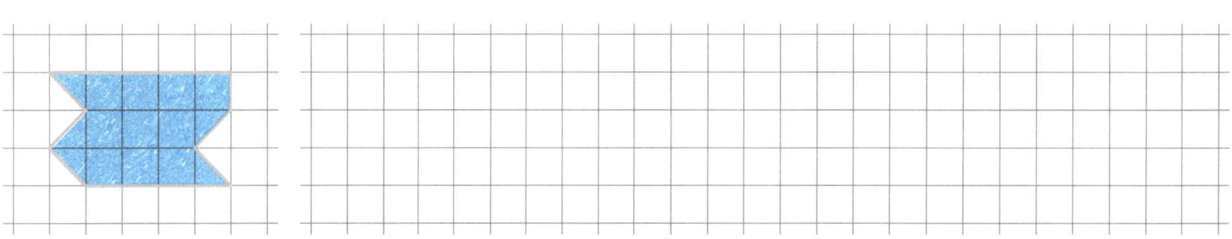

4 Mehrere Lösungen sind möglich

zu Schülerbuchseite 37

1 Lege die Figuren mit deinen Zentimeterquadraten aus. Bestimme den Umfang und den Flächeninhalt. Schreibe in die Tabelle.

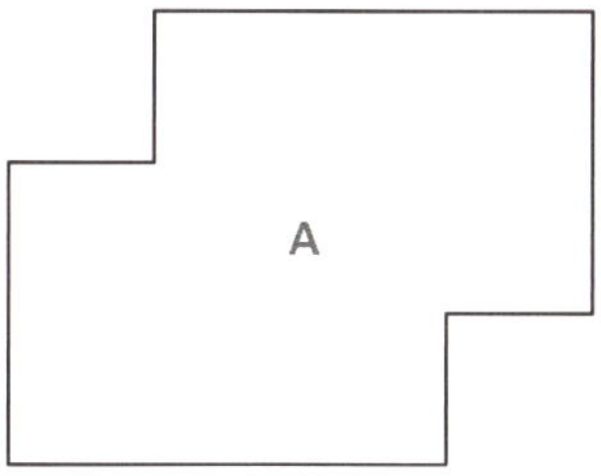

Figur	Umfang in cm	Flächeninhalt in Zentimeterquadraten
A		
B		
C		

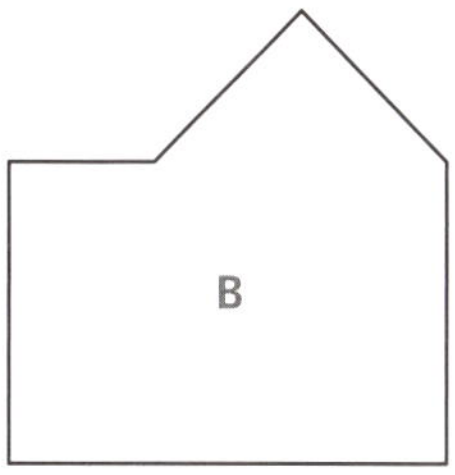

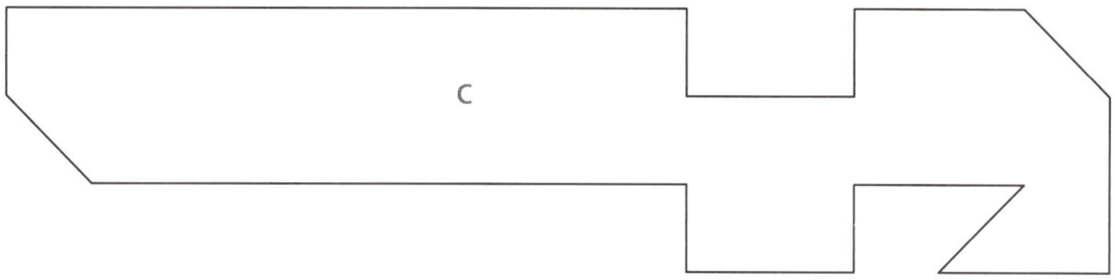

2 Lege sechs verschiedene Rechtecke aus 12 Zentimeterquadraten. Notiere in der Tabelle.

Rechteck	Länge in cm	Breite in cm	Umfang in cm
A			
B			
C			
D			
E			
F			

3 a) Lege eine Figur, deren Umfang 20 cm lang ist und deren Flächeninhalt aus 17 Zentimeterquadraten besteht. Zeichne deine Figur.

b) Lege eine weitere Figur mit demselben Umfang und Flächeninhalt wie bei Aufgabe 3a). Diese muss sich von deiner ersten Figur unterscheiden. Zeichne deine Figur.

a)

b)

1–3 Zentimeterquadrate (Beilage 5) verwenden
3 Mehrere Lösungen sind möglich

1 Immer drei Angaben passen zusammen. Färbe die Kärtchen in derselben Farbe.

10 Z | 100 H | 1 ZT | 1 T | 100 T | 1 H | 10 HT | 100 ZT

10 ZT | 10 H | 10 T | 1 M | 100 E | 1 HT | 100 Z

2 a)

·	100	1 000
10		
100		
1 000		

b)

·	20	600
10		
100		
1 000		

c)

·	100	10 000
30		
300		
3 000		

d)

·		700
10	500	
100		
	50 000	

3 a) 8 · 6 =
8 · 60 =
80 · 60 =

b) 400 · 7 =
4 · 7 =
400 · 70 =

c) 50 · 9 =
5 · 9 000 =
50 · 900 =

4 Setze fort.

a)
400 · 800 =
500 · 700 =
600 · 600 =
· =
· =

b)
6 · 70 =
60 · 70 =
600 · 70 =
· =
· =

5 Finde verschiedene Aufgaben mit demselben Ergebnis.

a) · = 3 600
· = 3 600
· = 3 600

b) · = 7 200
· = 7 200
· = 7 200

c) · = 4 000
· = 4 000
· = 4 000

5 Mehrere Lösungen sind möglich

1 Multipliziere schriftlich.

a) 3725 · 3
b) 2819 · 7
c) 12655 · 8
d) 8067 · 6
e) 5309 · 9
f) 10602 · 5

2 Überschlage zuerst, dann rechne genau. Vergleiche dein Ergebnis mit dem Überschlag.

a) Ü: 5000 · 5 =
4976 · 5
b) Ü:
8324 · 6
c) Ü:
57093 · 8
d) Ü:
13778 · 3

3 Finde die Fehler und kreise sie ein. Schreibe zu jeder Aufgabe den Buchstaben des entsprechenden Fehlers. Rechne dann richtig.

A Rechenfehler
B Übertrag vergessen
C Ergebnisse falsch notiert

a) 2 865 · 4
8 460
Fehler:

b) 16 923 · 6
101 532
Fehler:

c) 34 778 · 2
6 941 416
Fehler:

d) 50 743 · 8
400 944
Fehler:

e) 71 116 · 9
6 310 044
Fehler:

f) 99 889 · 3
309 667
Fehler:

4 a) Bilde die Differenz aus dem Produkt von 7 und 98 052 und dem Produkt aus 4 und 6 789.

b) Addiere die Produkte aus 678 und 5, 9 und 32 012 und 45 671 und 3.

1 Wie lang sind die Tiere in Wirklichkeit?

Rapsglanzkäfer
Maßstab 10:1

Glühwürmchen
Maßstab 5:1

Streifenwanze
Maßstab 3:1

	Rapsglanzkäfer	Glühwürmchen	Streifenwanze
Bild	20 mm		
Wirklichkeit			

2 Miss die Länge der Tiere und bestimme den Maßstab.

Blattlaus
6 mm in Wirklichkeit

Zwergbläuling
19 mm in Wirklichkeit

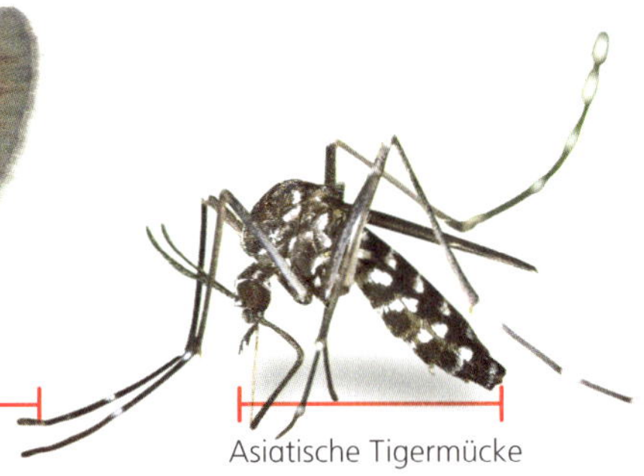
Asiatische Tigermücke
4 mm in Wirklichkeit

	Blattlaus	Zwergbläuling	Asiatische Tigermücke
Bild	48 mm		
Maßstab			

3 Zeichne die Figur vergrößert im Maßstab 5 : 1.

4 Wie viele Steckwürfel brauchst du, um das Steckwürfelgebäude im Maßstab 2 : 1 vergrößert nachzubauen?

Ich brauche Steckwürfel.

1 Wie lang sind die Tiere in Wirklichkeit?

Wildschwein
Maßstab 1:80

Indischer Elefant
Maßstab 1:150

Hirschkäfer
Maßstab 1:5

	Wildschwein	Indischer Elefant	Hirschkäfer
Bild			
Wirklichkeit			

2 Miss die Länge der Tiere und bestimme den Maßstab.

Großer Panda
150 cm in Wirklichkeit

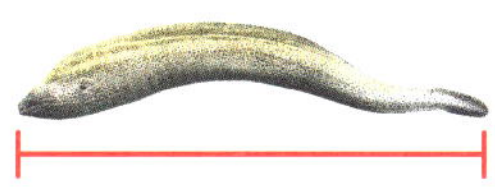

Muräne
320 cm in Wirklichkeit

Schwalbenschwanz
60 mm in Wirklichkeit

	Großer Panda	Muräne	Schwalbenschwanz
Bild			
Maßstab			

3 Ein Rechteck ist 24 cm lang und 12 cm breit. Zeichne es verkleinert im vorgegebenen Maßstab.

a) Maßstab 1 : 6 b) Maßstab 1 : 3

4 Wie viele Steckwürfel brauchst du, um das Steckwürfelgebäude im Maßstab 1 : 2 verkleinert nachzubauen?

Ich brauche Steckwürfel.

1 Hier siehst du die Skizze des Erdgeschosses eines Hauses. Zeichne einen passenden Grundriss im Maßstab 1 : 100 dazu. Zeichne auch Türen, Fenster und eine Treppe ein.

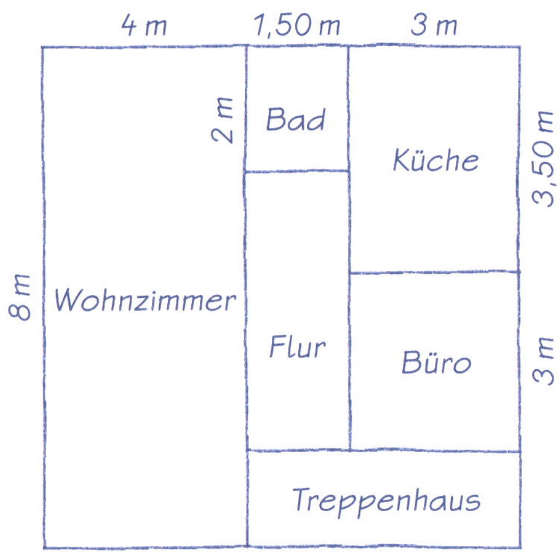

2 Bestimme die Größe der einzelnen Zimmer aus Aufgabe 1. Schreibe in die Tabelle.

Zimmer	Länge in m	Breite in m	Fläche in Meterquadraten
Wohnzimmer			

3 a) Berechne. Der Maßstab soll 1 : 200 sein.

Zeichnung	2 cm	5 cm	$6\frac{1}{2}$ cm	10 cm	$12\frac{1}{2}$ cm	17 cm	25 cm	30 cm
Wirklichkeit	4 m							

b) Berechne. Der Maßstab soll 1 : 300 sein.

Zeichnung	2 cm							
Wirklichkeit	6 m	21 m	4,5 m	60 m	33,3 m	57 m	3,75 m	0,9 m

zu Schülerbuchseite 50

1 a)
540 000 : 9 =
540 000 : 90 =
540 000 : 900 =
540 000 : 9 000 =

b)
42 000 : 7 000 =
4 200 : 70 =
420 000 : 70 000 =
420 : 7 =

c)
14 000 : 20 =
3 600 : 6 =
210 000 : 300 =
50 000 : 5 000 =

d)
6 300 : 90 =
800 000 : 1 000 =
10 000 : 200 =
18 000 : 6 000 =

2 Immer zwei Aufgaben haben das gleiche Ergebnis.
Färbe die Aufgabenpaare in derselben Farbe.

640 000 : 80 | 1 800 : 20 | 28 000 : 70 | 270 000 : 3 000 | 490 : 70

72 000 : 9 | 150 000 : 3 | 200 000 : 4 | 21 000 : 3 000 | 3 200 : 8

3 a)

:	60	600	6
2 400			
24 000			
240 000			

b)

:	8	800	8 000
56 000			
32 000			
480 000			

c)

:	900	60	1 000
54 000			
360 000			
180 000			

d)

:	200		
	800		
240 000		3 000	
360 000			90

4 Finde verschiedene Aufgaben mit demselben Ergebnis.

a)
: = 5 000
: = 5 000
: = 5 000

b)
: = 600
: = 600
: = 600

4 Mehrere Lösungen sind möglich

1 Dividiere schriftlich.

a) H Z E: 7 4 4 : 3 = H Z E

b) H Z E: 9 3 2 : 2 = H Z E

c) H Z E: 7 1 6 : 4 = H Z E

d) H Z E: 6 3 0 : 5 = H Z E

2 Dividiere schriftlich.

a) T H Z E: 1 4 3 4 : 3 = T H Z E

b) T H Z E: 2 4 3 6 : 7 = T H Z E

c) T H Z E: 4 7 3 4 : 6 = T H Z E

d) T H Z E: 5 9 2 2 : 9 = T H Z E

3

a) Dividiere die Summe aus 1 674 und 1 974 durch 8. Multipliziere dann mit 9.

b) Halbiere die Zahl 5 992. Dividiere das Ergebnis durch 4 und multipliziere dann mit 8.

c) Multipliziere die Zahl 499 mit 9. Dividiere das Produkt durch 3 und addiere dann 3 087.

1 Dividiere schriftlich. Achte auf die Nullen.

a) T H Z E : T H Z E

3 2 7 2 : 8 =

b) T H Z E : T H Z E

9 0 5 4 : 6 =

c) T H Z E : T H Z E

7 0 2 0 : 3 =

d) T H Z E : T H Z E

5 0 4 0 : 5 =

2 a)

:	2	4	8
12 136			
81 232			
48 488			

b)

:	3	6	9
63 630			
24 570			
36 126			

3 Finde den Fehler und kreise ihn ein. Notiere, was falsch gemacht wurde und rechne richtig.

```
6468 : 6 = 178
6
0
 46
 42
  48
  48
   0
```

1 Dividiere schriftlich.

a) 76987 : 8 =

b) 45092 : 7 =

c) 75517 : 3 =

d) 80921 : 4 =

2 Immer zwei Aufgaben haben den gleichen Rest. Färbe die Aufgabenpaare in derselben Farbe.

8097 : 8

58524 : 5

72083 : 6

4468 : 7

29614 : 9

87020 : 3

9853 : 4

18037 : 7

3 Das Silo eines Zoos fasst 20000 kg Mais. Den Mais bekommen die Hängebauchschweine zu fressen. Nach 6 Monaten ist das Silo leer.

a) Wie viel Mais haben die Hängebauchschweine pro Monat gefressen?

L:

A:

b) Was passiert mit dem Rest?

1 Dividiere schriftlich. Wie heißt das Lösungswort?

N	R	E	O	S	H	L	T
34	245	257	366	773	1 203	17 187	18 106

4812 : 4 =
2928 : 8 =
85935 : 5 =
4638 : 6 =
54318 : 3 =

2056 : 8 =
306 : 9 =
72424 : 4 =
2196 : 6 =
1715 : 7 =

Das __________ ist ein Stadttor, das die Altstadt der Stadt Lübeck begrenzt. Es ist auf der deutschen 2-Euro-Münze von 2006 zu sehen.

2 Rechne zu jeder Aufgabe den Überschlag mit einer kleineren oder einer größeren Aufgabe. Notiere dann, ob der Überschlag größer oder kleiner ist als das Ergebnis.

Aufgabe	Überschlag	Überschlag ist größer als Ergebnis	Überschlag ist kleiner als Ergebnis
12870 : 6	12 000 : 6 = 2 000	–	×
6456 : 8			
25263 : 9			
13680 : 4			

3 Rechne zwei Aufgaben aus Aufgabe 2 schriftlich. Vergleiche mit dem Überschlag.

a)

b)

4 a) Dividiere die Zahl 36 442 durch 7. Addiere dann 333 333.

b) Bilde die Summe aus 23 849, 47 058 und 12 046. Dividiere dann durch 9.

1 Der Planetenweg in Erftstadt ist so angelegt, dass 1 mm im Planetenweg 1 000 km in der Wirklichkeit entsprechen. Um welche Planeten handelt es sich bei den fotografierten Modellen? Verwende die Informationen aus deinem Mathebuch auf Seite 60.

Planet: ____________________

1 : 1 Mrd. (1 mm im Bild entspricht 1 000 km in der Wirklichkeit.)

Planet: ____________________

2 Im Planetenweg werden beim Modell des Saturn nur die deutlichsten Ringe abgebildet. Diese werden auch als „Hauptringe" bezeichnet. Welchen Durchmesser haben die Hauptringe in Wirklichkeit? Rechne mit einem Saturndurchmesser von 120 000 km.

1 : 5 Mrd. (1 mm im Bild entspricht 5 000 km in der Wirklichkeit.)

L:

	Durchmesser im Bild	Durchmesser in Wirklichkeit
Saturn	2,4 cm	120 000 km
Kleiner Hauptring		
Großer Hauptring		

A: ____________________

3 Paul möchte im Wohnzimmer ein Modell der Erde und ein Modell des Mondes maßstabsgetreu aufhängen. Sein Pappmodell der Erde hat einen Durchmesser von ungefähr 20 cm. Schätze:

Erddurchmesser:	12 756 km
Monddurchmesser:	3 476 km
Abstand Erde–Mond:	384 000 km

a) Wie groß muss sein Mondmodell ungefähr sein?

Es muss einen Durchmesser von ungefähr ______ cm haben.

b) Wie weit müssen die beiden Modelle voneinander entfernt aufgehängt werden?

Sie müssen ______ m voneinander entfernt sein.

1 Trage die Namen der Körper und die Zahlen der entsprechenden Netze in die Tabelle ein.

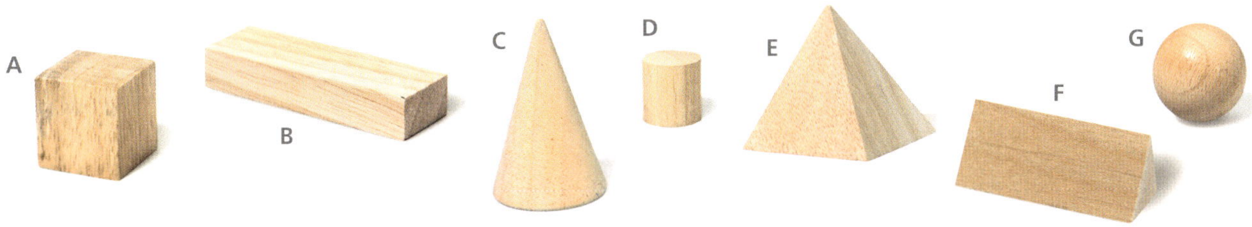

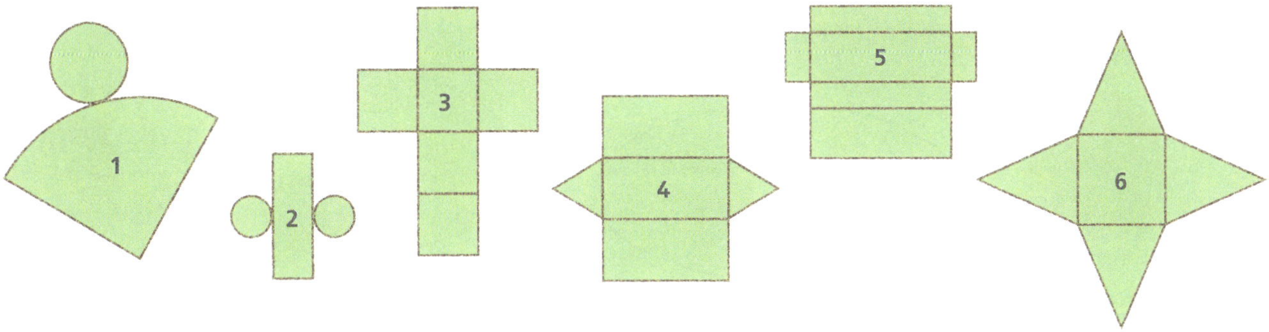

	Name des Körpers	Netz
A		
B		
C		
D		
E		
F		
G		

2 Zu welchen Körpern gehören diese Teile?

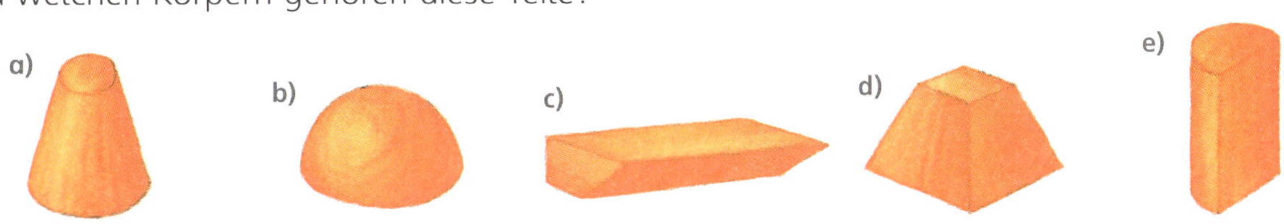

3 Färbe die Ecken des Quadernetzes, die beim Falten zusammentreffen, in der gleichen Farbe. Löse im Kopf.

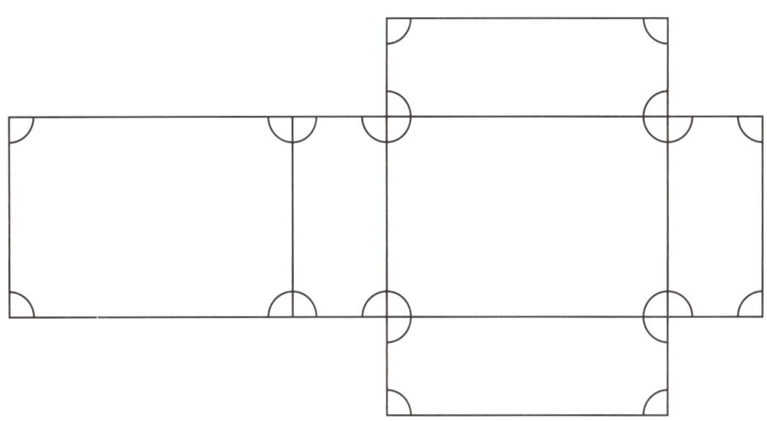

1

a) $300 : x = 25$
$x =$

b) $78 - y = 59$
$y =$

c) $a \cdot 356 = 712$
$a =$

d) $r - 18 = 60$
$r =$

e) $255 + w = 600$
$w =$

f) $z : 30 = 4$
$z =$

2 Schreibe als Aufgabe mit Variable und rechne.

a)

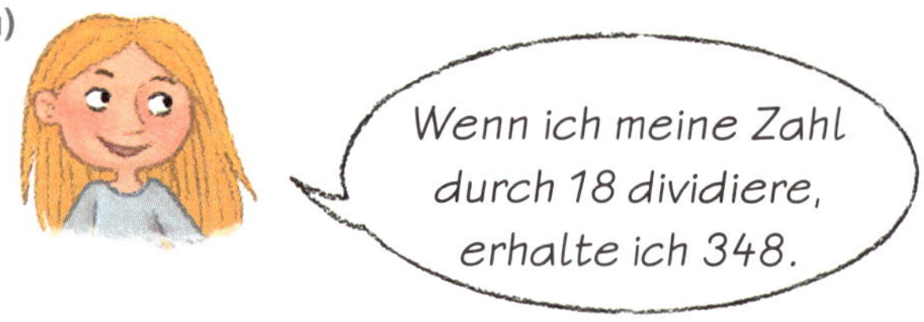

b)

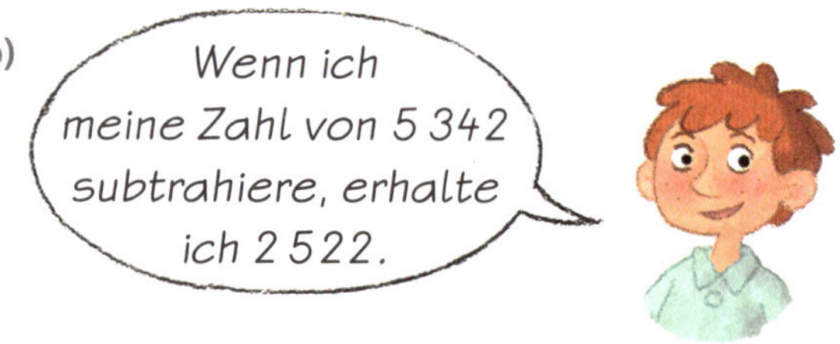

3 Welchen Wert können die Variablen haben? Bestimme alle möglichen Werte.

a) $5 \cdot a < 35$
$a =$ 0, 1, ______

b) $1512 - v > 3409 - 1903$
$v =$ ______

c) $528 + s < 178 \cdot 3$
$s =$ ______

d) $42864 : 4 > 10716 \cdot m$
$m =$ ______

4 Beachte die Rechenregeln.

a)
$7 \cdot 8 + 29 =$
$59 + 267 \cdot 5 =$
$15 \cdot (135 - 76) =$

b)
$300 + (704 - 312) =$
$(300 + 704) - 312 =$
$9 \cdot 60 + 8 \cdot 43 =$

5 Setze die vorgegebenen Zahlen für die Variablen ein und berechne die Variable x.
$a = 3$, $b = 7$ und $c = 6$.

a)	b)	c)
$(a + b) \cdot c = x$	$a \cdot (b + c) = x$	$a \cdot c + b \cdot c = x$

1 Bestimme jeweils den Radius und den Durchmesser der Kreise.

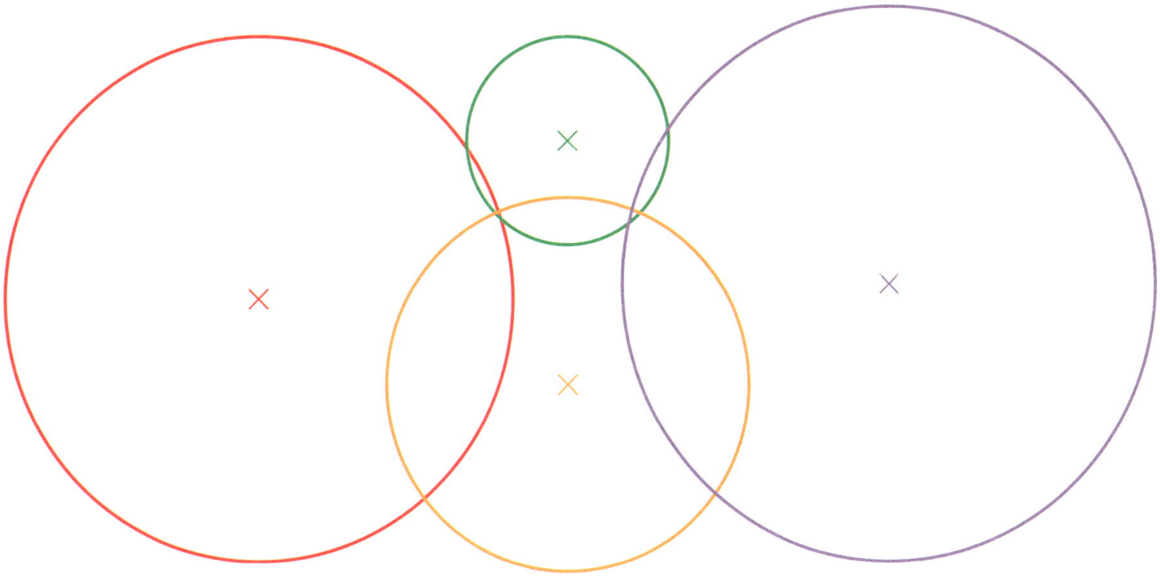

r = ______ r = ______ r = ______ r = ______

d = ______ d = ______ d = ______ d = ______

2 a) Zeichne um den Mittelpunkt M1 Kreise mit dem vorgegebenen Radius.
r = 3 cm   r = 2,5 cm

M1

b) Zeichne um den Mittelpunkt M2 Kreise mit dem vorgegebenen Durchmesser.
d = 4,8 cm   d = 5,4 cm

M2

3 Zeichne die Figur mithilfe von Zirkel und Geodreieck möglichst genau ab.

Zeichne nach Anleitung.

1

1. Zeichne um den Mittelpunkt M einen Kreis mit d = 5 cm.
2. Zeichne nun eine senkrechte Linie, die durch den Mittelpunkt und die Kreislinie des Kreises geht.
3. Zeichne um die beiden Schnittpunkte mit der Kreislinie jeweils einen Kreis mit d = 3 cm.
4. Male das Muster bunt an.

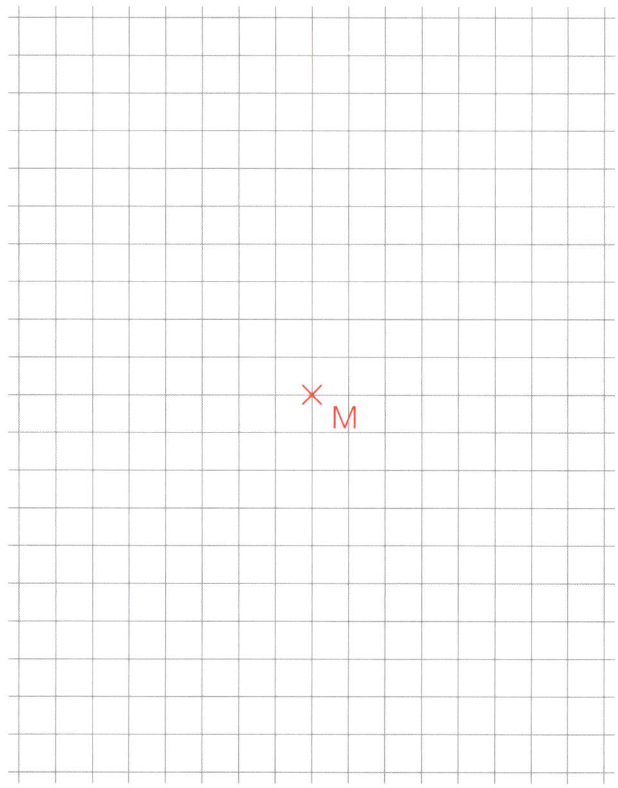

2

1. Zeichne um den Mittelpunkt M einen Kreis mit r = 3 cm.
2. Zeichne um den Kreis ein Quadrat mit der Seitenlänge 6 cm. Das Quadrat soll den gleichen Mittelpunkt haben wie der Kreis.
3. Steche nun mit deinem Zirkel in die rechte untere Ecke des Quadrats. Zeichne einen Viertelkreis in das Quadrat mit r = 3 cm.
4. Zeichne auch in die drei anderen Ecken des Quadrats einen Viertelkreis mit r = 3 cm.
5. Male das Muster bunt an.

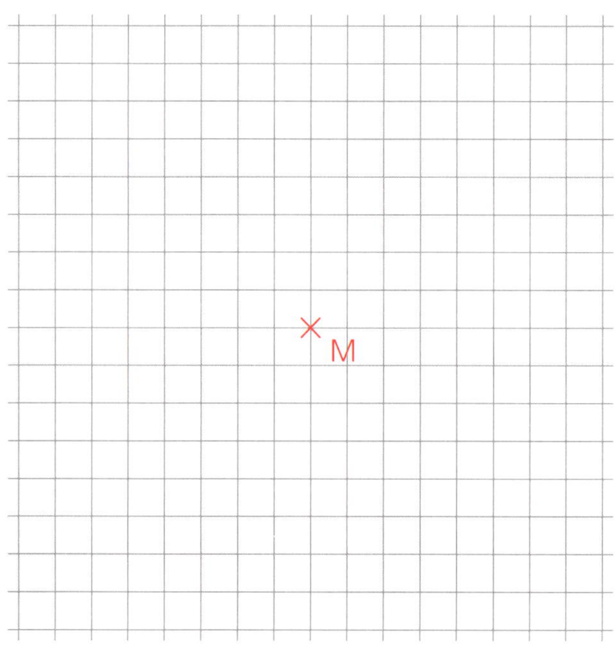

1 Multipliziere schriftlich.

a) 3 4 5 · 4 3

b) 6 2 7 · 2 8

c) 9 1 5 · 3 7

d) 7 2 5 · 2 6 3

e) 4 4 4 · 2 4 2

f) 1 3 2 1 · 3 8 7

2 Immer zwei Aufgaben haben das gleiche Ergebnis. Färbe die Aufgabenpaare in derselben Farbe.

806 · 72

605 · 102

279 · 208

507 · 90

351 · 130

170 · 363

3 Finde die Fehler und kreise sie ein. Rechne dann jede Aufgabe richtig.

a) 604 · 815
2 604
604
3 020
269 460

b) 311 · 739
2 177
933
2 799
2 2 1
230 829

c) 586 · 430
20 344
1 718
000
1
2 041 580

a)

b)

c)

4 a) Addiere zu dem Produkt aus 340 und 207 das Produkt aus 555 und 732.

b) Bilde die Differenz aus dem Produkt von 489 und 1 503 und dem Produkt aus 288 und 1 034.

c) Addiere die Produkte aus 173 und 56, 988 und 346 und 2 061 und 19.

1 Multipliziere schriftlich. Wie heißt der Lösungssatz?

A	B	G	R	T	U	W
108 336	47 526	232 848	229 908	45 640	517 482	30 780

405 · 76 = □

366 · 296 = □

391 · 588 = □

140 · 326 = □

89 · 534 = □

777 · 666 = □

238 · 966 = □

216 · 1 078 = □

Die □□□□□□□□ steht in Thüringen über der Stadt Eisenach.
Seit 1999 gehört sie zum Weltkulturerbe.

2 Setze fort.

a)

77 · 13 =

77 · 39 =

77 · 65 =

 · =

 · =

b)

271 · 41 =

271 · 82 =

271 · 123 =

 · =

 · =

3 Ergänze die fehlenden Ziffern.

a)
```
□ 0 4 · 3 □ 7
  1 8 1 2
      □ 0 4
      4 □ 2 8
  1 9 □ □ 6 8
```

b)
```
4 2 3 · 3 □ □
  1 2 6 9
    □ □ □ □
      3 8 0 7
  1 6 4 5 4 7
```

c)
```
1 3 6 0 · □ 5 2
    5 4 □ 0
      □ 8 0 0
        2 □ 2 □
    6 1 4 7 2 0
```

1 Bestimme das Volumen der Quader. Schreibe in Zentimeterwürfel und in Milliliter.

a)

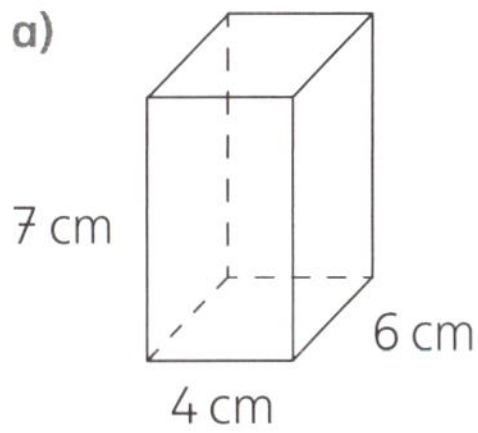

Zentimeterwürfel

ml

b)

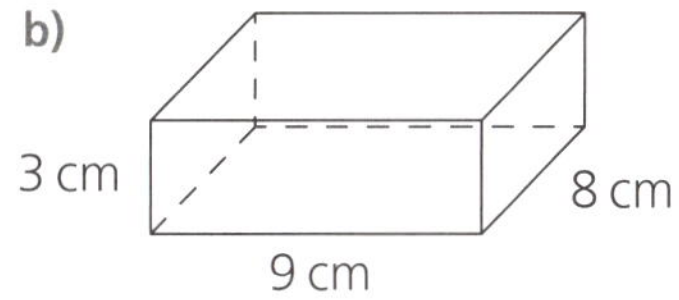

Zentimeterwürfel

ml

c)

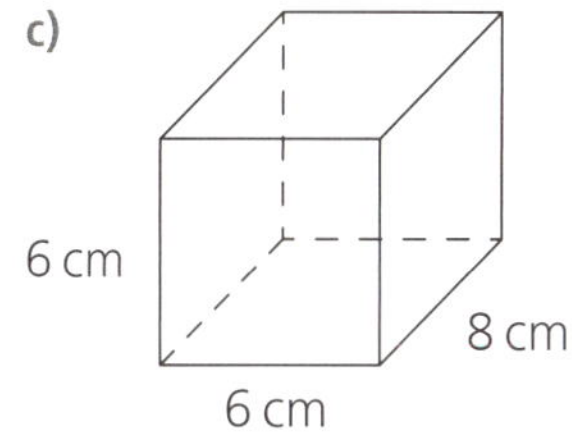

Zentimeterwürfel

ml

2 Wandle um in Liter oder Milliliter.

a)	b)	c)
5 l = ___ ml	8 100 ml = ___ l	$1\frac{1}{2}$ l = ___ ml
3,2 l = ___ ml	___ ml = 5,125 l	___ l = 80 ml
___ l = 4 400 ml	300 ml = ___ l	5,075 l = ___ ml

3 Ergänze.

a)	b)	c)
2 l + ___ ml = 3 l	6,4 l + ___ ml = 12 l	2 500 ml + ___ l = 7 l
$\frac{1}{4}$ l + ___ ml = 2 l	0,9 l + ___ ml = 5 l	67 ml + ___ l = 1 l
$3\frac{1}{2}$ l + ___ ml = 5 l	1,1 l + ___ ml = 10 l	3 789 ml + ___ l = 6 l

4 Frau Lembach möchte 6 Blumenkästen mit Geranien bepflanzen. Jeder Blumenkasten ist 60 cm breit, 18 cm tief und 15 cm hoch.

a) Sie möchte in einen Blumenkasten so viel Erde einfüllen, dass oben noch ein Rand von 4 cm frei ist, bevor sie die Geranien einpflanzt.

Wie viel Liter Erde füllt sie in einen Blumenkasten?

L:

A: ______________________________

b) Wie viele 10-Liter-Säcke Erde braucht sie für 6 Blumenkästen?

L:

A: ______________________________

1 Trage die Werte auf den Kärtchen in die Stellenwerttabelle ein.

a) 307,08 € | 6 € 49 ct | 25 € 80 ct

100 €	10 €	1 €	10 ct	1 ct

b) 89,04 m | 567 cm | 4,5 m

10 m	1 m	10 cm	1 cm

c) 745,702 kg | 1,45 kg | 13 488 g

100 kg	10 kg	1 kg	100 g	10 g	1 g

2 Ordne der Größe nach. Beginne mit dem kleinsten Wert.

0,37 km | 300,70 m | 307 m | 3 700 cm | 3 km 7 m | 700,3 cm

___ < ___ < ___ < ___ < ___ < ___

3 Wandle in die angegebene Einheit um.

a)
15 kg = ___ t
34 t = ___ kg
712 g = ___ t
118 kg = ___ g

b)
3 m = ___ km
3 689 m = ___ cm
19 mm = ___ m
46 m = ___ mm

4 Die längste Schlange, die jemals gefunden wurde, war ein Netzpython. Er hatte eine Gesamtlänge von 7,67 m. Wie viele Zentimeter fehlen der Schlange noch, um genau 1 Kilometer lang zu sein?

L:

A: ___

1 Im Mai 2009 fand die bisher größte Masseneinwanderung von Distelfaltern nach Deutschland statt. Experten schätzen, dass täglich mehrere hundert Millionen Schmetterlinge Richtung Norden zogen.

a) An einer Feldkante wurden am 11. 05. 2009 morgens auf einer 200 m langen Strecke 32 Distelfalter gezählt, die sich in der Sonne aufwärmten. Insgesamt war das Feld 650 m lang. Wie viele Distelfalter sonnten sich ungefähr an der Feldkante?

L:

A: ______________________________

____

b) Zwischen 9.50 Uhr und 10.15 Uhr beobachtete Herr Volkert 35 Falter, die seinen Garten durchquerten.

F: ______________________________

L:

A: ______________________________

2 Ein weiterer Wanderfalter ist der Postillon. Bei seiner Wanderung legt er pro Minute ungefähr 200 bis 250 m zurück. Der Postillon fliegt 2 bis 3 Stunden täglich. Wie weit fliegt er mindestens, wie weit fliegt er höchstens pro Tag?

A: ______________________________

____

____

1 Dividiere schriftlich.

a) 5736 : 12 =

b) 6180 : 20 =

c) 19600 : 25 =

d) 16650 : 50 =

2 a) Die Kinder der Klasse 4b bezahlen für den Aufenthalt in der Jugendherberge insgesamt 2 175 €. In der Klasse sind 25 Kinder.

F: ______________________________

____

L:

A: ______________________________

____

b) Die Kinder der Klasse 4b und 4c bezahlen für die Busfahrt insgesamt 1 020 €. Es fahren 60 Personen mit.

F: ______________________________

____

L:

A: ______________________________

____

3 a) Finde eine vierstellige Zahl, die bei Division durch 12 und durch 15 jeweils einen Rest von 3 lässt.

b) Finde eine fünfstellige Zahl, die bei Division durch 50 einen Rest von 23 und bei Division durch 7 einen Rest von 1 lässt.

3 Mehrere Lösungen sind möglich

1 Welche Verkehrsschilder sind drehsymmetrisch? Kreuze an.

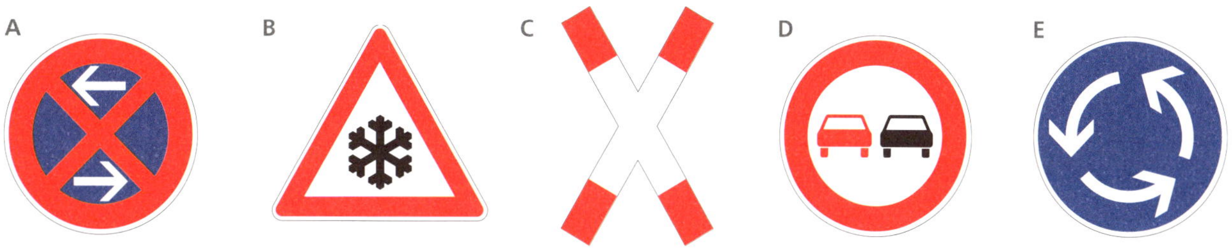

2 Zeichne in jede achsensymmetrische Figur die Symmetrieachsen ein und in jede drehsymmetrische Figur den Drehpunkt.

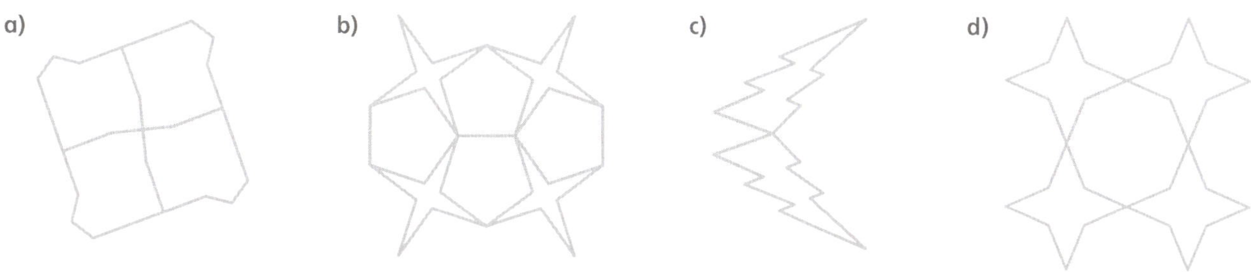

3 Färbe die Figuren so, dass sie drehsymmetrisch sind.

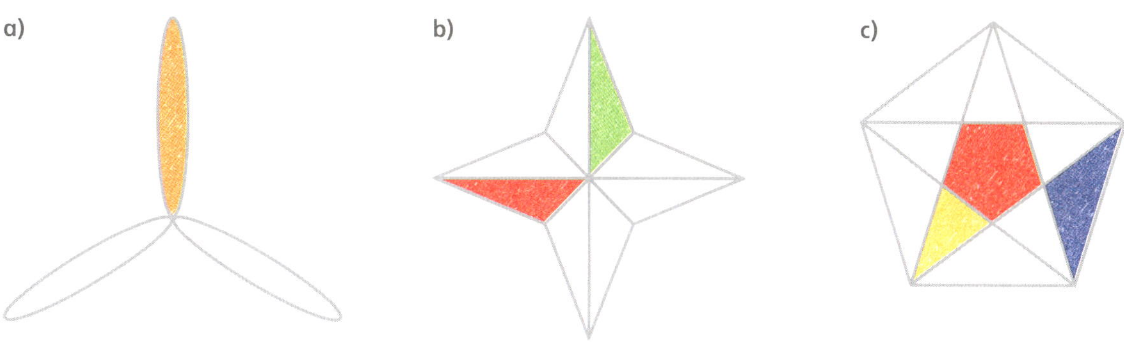

4 Ergänze die Figuren so, dass sie drehsymmetrisch sind. Achte auf den Drehpunkt.

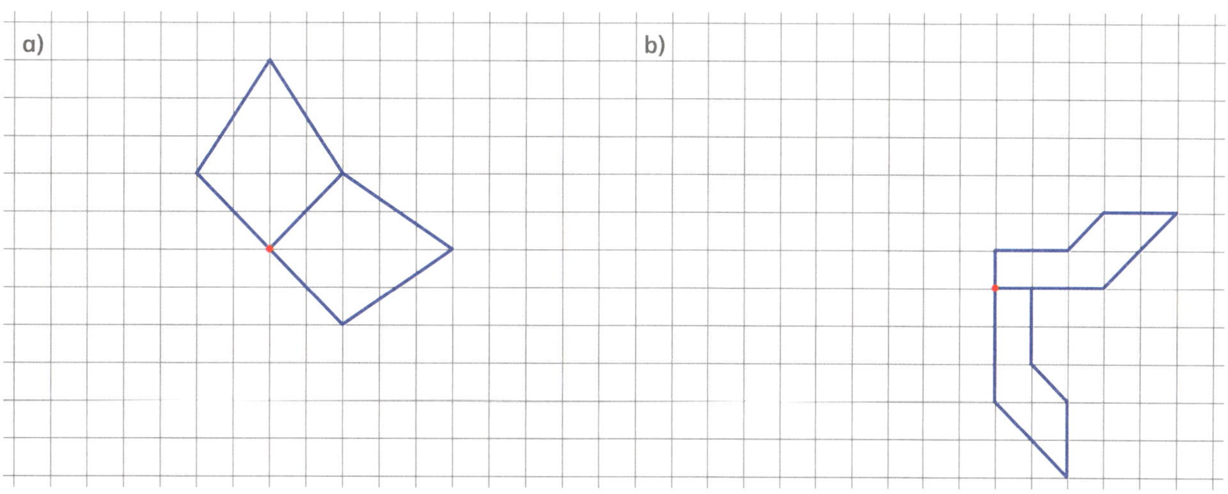

1 Färbe die Grundfigur in jedem Bandornament rot.

a)

b)

c)

d)

2 Setze die Bandornamente fort und zeichne die Symmetrieachsen ein.

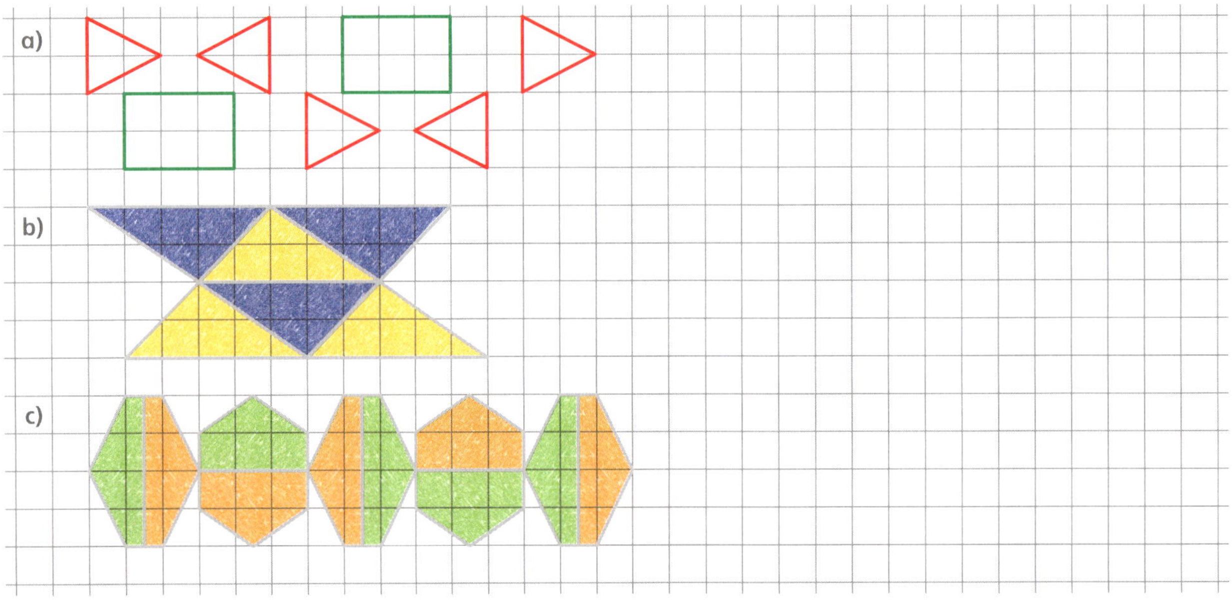

3 Erfinde zwei unterschiedliche Bandornamente. Verwende nur deinen Zirkel und Buntstifte.

a)

b)

zu Schülerbuchseite 90

1 Färbe die Grundfigur in jedem Flächenornament rot.

a)

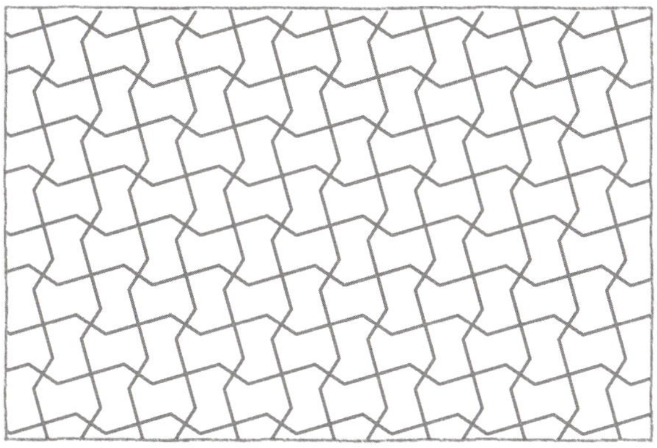

b)

c)

d)

2 Zeichne weiter, so dass ein Flächenornament entsteht.

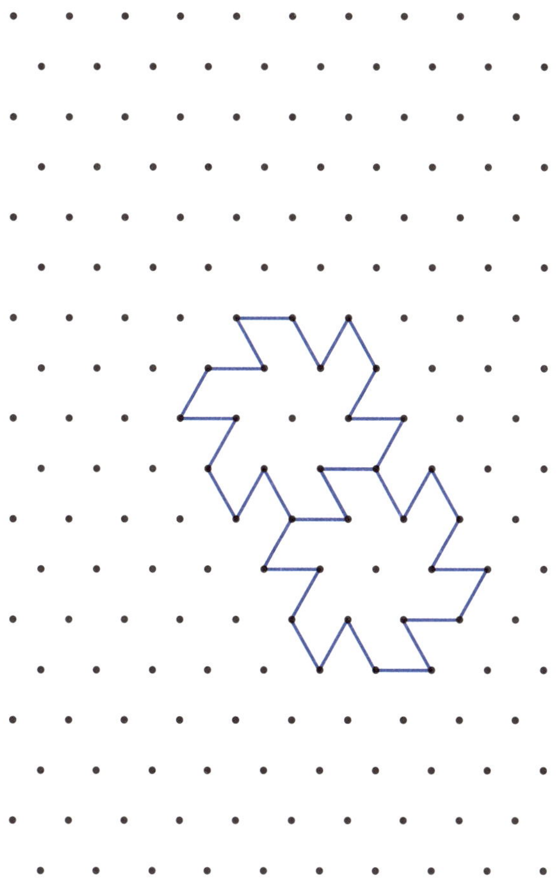

3 Erfinde ein eigenes Flächenornament.

Name: Michael Steger
Alter: 38 Jahre
Auslieferungsgebiet: Mechernich

Paketbote seit: 2011
Arbeitstage pro Woche: 5
Pakete pro Tag: ca. 185
Fahrstrecke pro Tag: ca. 240 km

Name: Udo Breig
Alter: 41 Jahre
Auslieferungsgebiet: Köln-Niehl

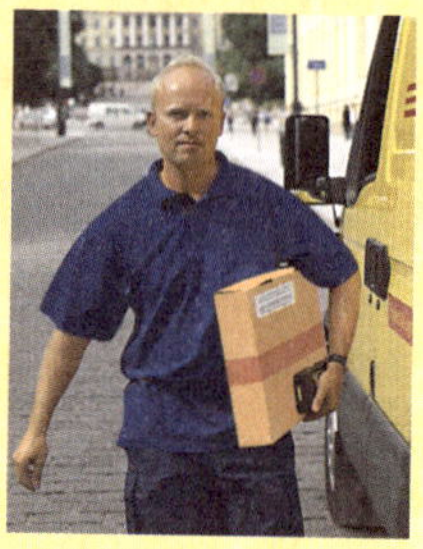

Paketbote seit: 2004
Arbeitstage pro Woche: 6
Pakete pro Tag: ca. 210
Fahrstrecke pro Tag: ca. 115 km

1 Wie viele Kilometer fährt Herr Breig wöchentlich?

L:

A: ______________________________

____

2 Ein Jahr hat 52 Wochen. Wie viele Tage arbeitet Herr Breig im Jahr mehr als Herr Steger?

L:

A: ______________________________

3 Wie viele Pakete liefert Herr Steger ungefähr im Jahr aus?

L:

A: ______________________________

____

____

4 Überlege dir eine weitere Frage zu den Paketboten und löse deine Aufgabe.

F: ______________________________

L:

A: ______________________________

1 Herr Frey muss an einem Tag unterschiedlich viele Pakete in die einzelnen Orte bringen. Färbe das Kreisdiagramm so, dass es zu den Angaben passt.

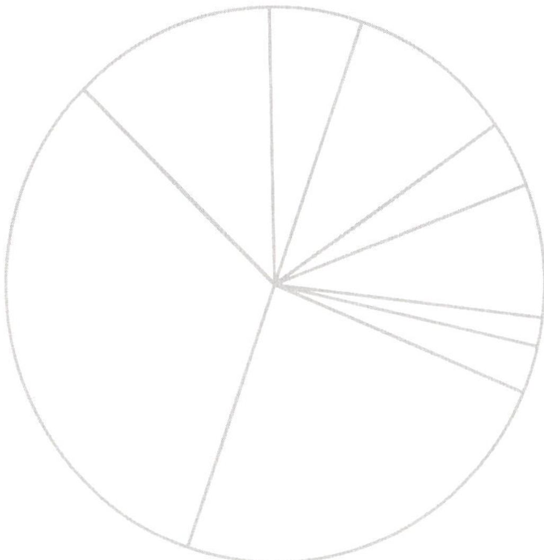

Ort	Anzahl Pakete
Ahrem	3
Blessem	5
Bliesheim	18
Dirmerzheim	7
Friesheim	14
Gymnich	22
Köttingen	10
Lechenich	58
Liblar	43

2 a) Ergänze den Text mit den passenden Zahlen aus dem Kreisdiagramm von Aufgabe 2b).

Im Verteilzentrum in Lechenich werden an einem Morgen insgesamt ____________ Pakete weitergeleitet und ausgeliefert. ____________ Pakete werden in Erftstadt verteilt. ____________ Pakete werden innerhalb des Rhein-Erft-Kreises weitergeleitet. Nach Nordrhein-Westfalen gehen ____________ Pakete. ____________ Pakete werden in andere Verteilzentren in ganz Deutschland gebracht.

b) Zeichne zu dem Kreisdiagramm ein passendes Säulendiagramm. 1 mm soll 500 Paketen entsprechen.

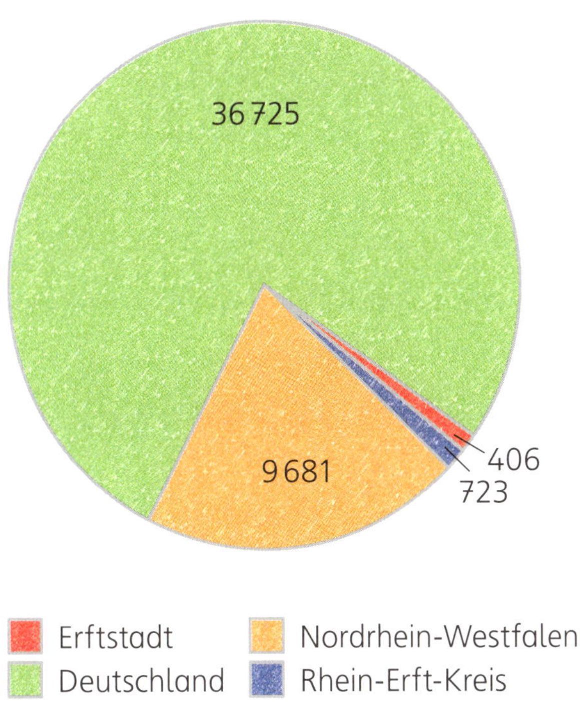

zu den Schülerbuchseiten 100, 101

Abfahrt *Departure* Hannover Hbf

Zeit *Time*	Zug *Train*	Richtung *Direction*	Gleis *Track*
		11.00	
11.09 ⚒ außer Sa	**RE** 4846	Wunstorf 11.21 – Haste 11.27 – Stadthagen 11.36 – Bückeburg 11.44 – Minden 11.51 – Löhne 12.09 – Melle 12.31 – Osnabrück Hbf 12.43 – **Rheine 13.23**	**8**
11.20 ⚒	**ICE** 772 🍴	Hamburg Hbf 12.35 – Hamburg Dammtor 12.41 – **Hamburg-Altona 12.50**	**7**
11.21	**RE** 4414 🚲	Wunstorf 11.33 – Neustadt am Rübenberge 11.40 – Nienburg 11.53 – Dörverden 12.08 – Bremen Hbf 12.39 – Delmenhorst 13.02 – Oldenburg 13.23 – Augustfehn 13.58 – Emden Hbf 14.40 – Norden 15.12 – **Norddeich Mole 15.16**	**12**
11.21	**IC** 141 ☕	Wolfsburg Hbf 11.53 – Stendal 12.25 – Berlin-Spandau 13.01 – Berlin Hbf 13.15 – **Berlin Ostbahnhof 13.26**	**10**
11.26	**ICE** 787 🍴	Göttingen 12.00 – Kassel-Wilhelmshöhe 12.21 – Fulda 12.53 – Würzburg Hbf 13.27 – Nürnberg Hbf 14.42 – Ingolstadt Hbf 15.21 – **München Hbf 16.04**	**4**
11.31	**ICE** 75 🍴	Göttingen 12.05 – Kassel-Wilhelmshöhe 12.26 – Frankfurt (Main) Süd 13.50 – Mannheim Hbf 14.33 – Karlsruhe Hbf 14.58 – Baden-Baden 15.14 – Freiburg (Breisgau) Hbf 16.00 – Basel Bad Bf 16.35 – Basel SBB 16.44 – **Zürich Hbf 17.50**	**9**
11.35	**IC** 2037 ☕	Braunschweig Hbf 12.08 – Helmstedt 12.30 – Magdeburg Hbf 12.57 – Dessau Hbf 13.40 – **Leipzig Hbf 14.26**	**3**

1 Ergänze die fehlenden Angaben.

Richtung	Abfahrt	Ankunft	Fahrzeit	Zug-Nr.	Gleis
Rheine	11.09 Uhr				
Dessau					
Hamburg-Altona					
Göttingen					
Göttingen					
		14.42 Uhr			
		13.23 Uhr			
		16.44 Uhr			
			0 h 42 min		
			2 h 05 min		
			3 h 19 min		
				IC 141	

1 Setze die passenden Begriffe ein.

sicher | wahrscheinlich | möglich | unmöglich | unwahrscheinlich

a) Es ist ______________________, dass es morgen regnet.

b) Es ist ______________________, dass ein Viereck fünf Seiten hat.

c) Es ist ______________________, dass ich mit dem Würfel zehnmal hintereinander eine 6 würfle.

d) Es ist ______________________, dass ein Viereck zwei gleich lange Seiten hat.

e) Es ist ______________________, dass es heute Abendessen gibt.

f) Es ist ______________________, dass ______________________________________

____

____.

2 Zu jedem Glücksrad passt eine Aussage. Verbinde.

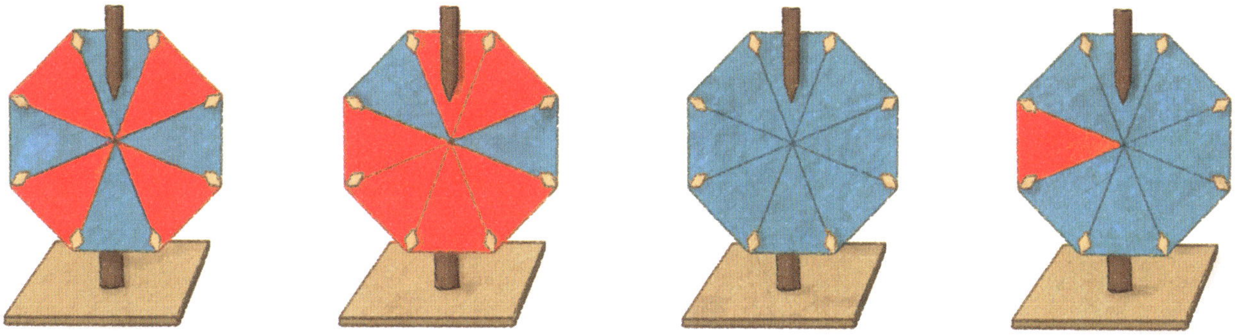

Es ist **unwahrscheinlich**, dass blau gewinnt.

Es ist **sicher**, dass blau gewinnt.

Es ist **möglich**, dass blau gewinnt.

Es ist **wahrscheinlich**, dass blau gewinnt.

3 a) Notiere eine Aussage, bei der du auf jeden Fall gewinnst.

____

____

____

b) Notiere eine Aussage, bei der du auf jeden Fall verlierst.

____

____

____

1 Ergänze im Kopf.

a) 34 567 + ___ = 34 600	b) 384 + ___ = 400	c) 118 748 + ___ = 118 800
56 789 + ___ = 56 800	11 116 + ___ = 11 200	190 002 + ___ = 190 100
12 035 + ___ = 12 100	2 521 + ___ = 2 600	743 689 + ___ = 743 700

2 Multipliziere im Kopf.

a)

·	700	30	8	738
200				
40				
6				
246				181 548

b)

·	6	7
50 000		
4 000		
800		
90		

c)

·	600	50	4	654
300				
70				
3				
373				243 942

d)

·	300	90
40		
8		
70		
9		

3 Dividiere im Kopf.

a)

:	4	8	10	5
4 000				
4 800				
4 840				
4 848				

b)

:	3	9
27 000		
180		
27 180		
27 189		

c)

:	3	6	10	5
6 000				
6 300				
6 360				
6 366				

d)

:	4	6
36 000		
120		
36 120		
36 132		

4 Welches Ergebnis passt? Rechne im Kopf und verbinde.

9 999 – 599 = 9 999 · 6 = 9 999 + 18 = 9 999 : 3 =

10 017 3 333 9 400 59 994

zu Schülerbuchseite 105

1 Rechne im Kopf, halbschriftlich oder schriftlich. Wie heißt der Lösungssatz?

H	L	O	I	N	T	A	E	U	S	W	C
504	700	1 002	3 000	3 346	5 350	8 222	10 000	11 996	12 999	13 284	36 000

14 000 − 1 001 =
900 · 40 =
2 520 : 5 =
4 200 : 6 =
5 000 − 3 998 =
8 478 + 4 521 =
7 800 + 5 199 =

478 · 7 =
3 500 + 6 500 =
6 998 + 4 998 =
7 800 + 5 199 =
40 009 − 4 009 =
1 512 : 3 =
4 378 + 8 906 =
24 666 : 3 =
1 673 + 1 673 =
21 673 − 8 674 =
3 050 + 2 300 =
2 500 · 4 =
36 000 : 12 =
9 047 − 5 701 =

Das ☐☐☐☐☐☐☐ ☐☐☐☐☐☐☐☐☐☐☐☐☐☐

ist eine der bekanntesten Sehenswürdigkeiten Deutschlands.
Es wurde von König Ludwig II. erbaut und steht bei Füssen in Bayern.

2 Setze in jede Aufgabe eine fünfstellige Zahl ein, so dass du die Aufgabe leicht im Kopf lösen kannst.

a)
: 6 =
: 900 =
: 80 =
: 5 000 =

b)
+ 6 745 =
+ 15 020 =
+ 11 111 =
+ 639 998 =

2 Mehrere Lösungen sind möglich

1 Vervollständige die Zeichnungen, so dass die vorgegebenen Vierecke entstehen.

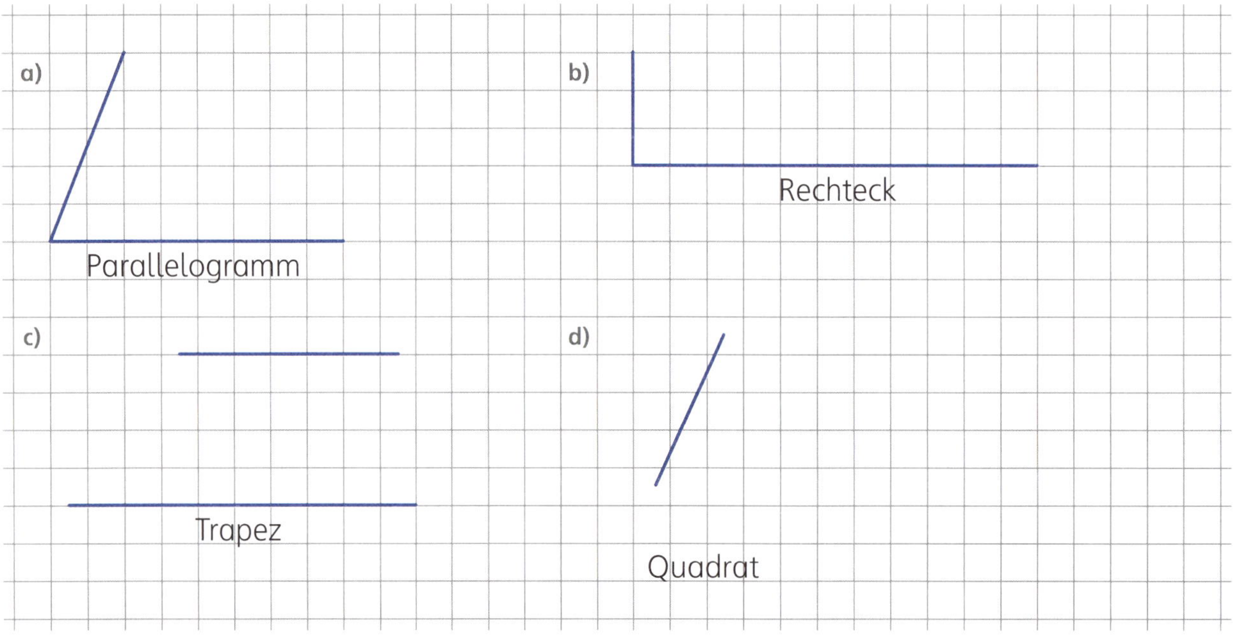

2 a) Zeichne die Symmetrieachsen in die achsensymmetrischen Vierecke bei Aufgabe 1 ein.

b) Markiere den Drehpunkt in den drehsymmetrischen Vierecken bei Aufgabe 1.

3 Finde zu jeder Aussage mindestens ein Viereck, für das die Aussage gilt.

a) Das Viereck hat vier rechte Winkel. ____________________

b) Das Viereck hat mindestens zwei parallele Seiten. ____________________

c) Das Viereck hat zwei Paare zueinander paralleler Seiten. ____________________

4 Zeichne die folgenden Vierecke. Färbe im Viereck a) und b) die vorgegebenen Längen rot. Markiere im Viereck c) die vorgegebenen rechten Winkel grün.

a) Zeichne ein Parallelogramm, bei dem eine Seite 3 cm lang ist.

b) Zeichne ein Trapez, bei dem eine Seite 4 cm lang und eine andere Seite 3 cm lang ist.

c) Zeichne ein Trapez mit vier rechten Winkeln.

a)

b)

c)

1 a) Markiere die Punkte mit deiner Zeichenuhr und verbinde sie in der angegebenen Reihenfolge.

G1, J2, H3, J8, G1

b) Zeichne Symmetrieachsen ein und markiere den Drehpunkt, falls das Viereck achsensymmetrisch oder drehsymmetrisch ist.

c) Färbe zueinander parallele Seiten in gleicher Farbe.

G1

2 Beschreibe das Viereck aus Aufgabe 1.
Benutze dabei folgende Begriffe: parallel, gegenüber, rechter Winkel, gleich lang, Seite, Ecke

3 Zeichne weitere Vierecke mit deinem Geodreieck in unterschiedlicher Größe, die dieselben Eigenschaften haben wie das Viereck in Aufgabe 1.

4 Ordne jeder Figur die passende Eigenschaft zu. Wähle immer die Eigenschaft, die die Figur am genauesten beschreibt. Färbe die Eigenschaften in der richtigen Farbe. Wie heißt das Lösungswort?

Viereck   Rechteck   Trapez
Quadrat   ~~Parallelogramm~~

4 gleich lange Seiten, 4 rechte Winkel | L
2 parallele Seiten | E
4 rechte Winkel | R
jeweils 2 gegenüberliegende Seiten sind parallel | P
4 Ecken | A

P _ _ _ _ _ _ _

1 Zeichenuhr (Beilage 5) verwenden
3 Mehrere Lösungen sind möglich

1 a) Gib die Aufgabe 75 + 76 in den Taschenrechner ein und drücke immer wieder auf (=).
Was passiert? ______________________

____

b) Wie oft musst du auf das Gleichzeichen drücken, bis du die letzte Zahl vor der Zahl 1 000 erhältst? ______________________

2 Verwende nur die Tasten (1), (0), (+), (−) und (=). Erreiche durch eine geschickte Tastenfolge die Ergebnisse. Notiere deine Tastenfolge.

a) 99 (7)(______________________

b) 109 ______________________

c) 890 ______________________

d) 71 ______________________

e) 1 909 ______________________

3 Erreiche durch die Tasten (2), (7), (×), (−) und (=) die Zahl 1 000. Notiere deine Tastenfolge.

____

4 Finde zu jedem Wort drei verschiedene Aufgaben, die als Ergebnis dieses Wort zeigen, wenn du den Taschenrechner umdrehst.

a) ZIEL
+
·
:

b) ESSIG
+
−
·

c) hOELLE
·
:
−

5 Finde die fehlenden Ziffern und Rechenzeichen mithilfe des Taschenrechners.

a) 25 · 68 = 171 6 6

6 · 2 = 7 776

8 1 : 1 8 = 4

b) 72 (114 96) = 1 296

114 (96 72) = 90

437 (139 3) = 25

1 Finde fünf vierschiedene vierstellige Zahlen, die

a) durch 2 teilbar sind. ______

b) durch 3 teilbar sind. ______

c) durch 5 teilbar sind. ______

d) durch 6 teilbar sind. ______

e) durch 9 teilbar sind. ______

2 Finde eine vierstellige Zahl, die durch 2, 3, 4, 5 und 6 teilbar ist.

Du kannst deinen Taschenrechner zu Hilfe nehmen. ______

3 Schreibe die Aussagen so um, dass sie richtig sind.

a) Eine Zahl ist durch 3 teilbar, wenn ihre Quersumme durch 2 teilbar ist.

______

______

b) Jede Zahl, die durch 9 teilbar ist, ist auch durch 6 teilbar.

______

______

c) Eine Zahl ist durch 4 teilbar, wenn die letzte Ziffer durch 4 teilbar ist.

______

______

d) Eine Zahl ist durch 5 teilbar, wenn sie durch 2 und durch 10 teilbar ist.

______

______

4 Finde jeweils mindestens eine Zahl,
die größer als 1 ist und durch die sich alle Zahlen ohne Rest teilen lassen.

a) 2375, 7050, 8100, 3425, 9000

______

b) 6495, 1236, 8154, 3072, 6726

______

c) [ ] [ ] [ ] [ ] [ ]

50,100

1

1	2	3	4	5	6	7	8	9	10
11	12	13	14	15	16	17	18	19	20
21	22	23	24	25	26	27	28	29	30
31	32	33	34	35	36	37	38	39	40
41	42	43	44	45	46	47	48	49	50
51	52	53	54	55	56	57	58	59	60
61	62	63	64	65	66	67	68	69	70
71	72	73	74	75	76	77	78	79	80
81	82	83	84	85	86	87	88	89	90
91	92	93	94	95	96	97	98	99	100

a) Färbe in der Hundertertafel alle Felder mit den Vielfachen von 13 rot.

b) Unterstreiche in der Hundertertafel alle Vielfachen von 15.

c) Welche gemeinsamen Vielfachen gibt es?

____

d) Finde das kleinste gemeinsame Vielfache der beiden Zahlen.

____

2 a) Färbe in der Hundertertafel alle Felder mit den Teilern von 64 gelb.

b) Umkreise in der Hundertertafel alle Teiler von 72.

c) Finde alle gemeinsamen Teiler von 64 und 72.

____

d) Bestimme den größten und den kleinsten gemeinsamen Teiler der beiden Zahlen.

größter gemeinsamer Teiler: ________

kleinster gemeinsamer Teiler: ________

1	2	3	4	5	6	7	8	9	10
11	12	13	14	15	16	17	18	19	20
21	22	23	24	25	26	27	28	29	30
31	32	33	34	35	36	37	38	39	40
41	42	43	44	45	46	47	48	49	50
51	52	53	54	55	56	57	58	59	60
61	62	63	64	65	66	67	68	69	70
71	72	73	74	75	76	77	78	79	80
81	82	83	84	85	86	87	88	89	90
91	92	93	94	95	96	97	98	99	100

3 Auf der Tafel stehen Beispiele für Primzahlzwillinge. Primzahlzwillinge sind zwei Primzahlen, zwischen denen genau eine andere Zahl liegt. Finde weitere Primzahlzwillinge zwischen 1 und 100.

____

____

1 Die beiden vierten Klassen der Sonnenschule machen eine Klassenfahrt. Es fahren insgesamt 55 Kinder, 3 Lehrerinnen und 4 Eltern mit. Der 5-tägige Aufenthalt in der Jugendherberge kostet pro Person 126,95 €. Die Busfahrt kostet nochmal zusätzlich 19,88 €. In der Klasse 4a sind 28 Kinder. Der Besuch im Museum und im Klettergarten ist freiwillig. Der Eintritt kostet sowohl für das Museum als auch für den Klettergarten pro Kind jeweils 6,50 € und für Erwachsene 8,50 €.

Wie viel kostet der Aufenthalt in der Jugendherberge für die Kinder der Klasse 4b?

a) Schreibe die Aufgabe verkürzt auf, so dass sie nur die Informationen enthält, die du zum Rechnen brauchst. Dann löse und antworte.

L:

A:

b) Überlege dir eine eigene Frage, die du mithilfe einer Rechnung beantworten kannst. Dann löse und antworte.

F:

L:

A:

1 Zeichne zu jedem Würfelgebäude das passende Schrägbild.

a)

b)

c)

d)

2 Vervollständige die Schrägbilder der Würfelgebäude.

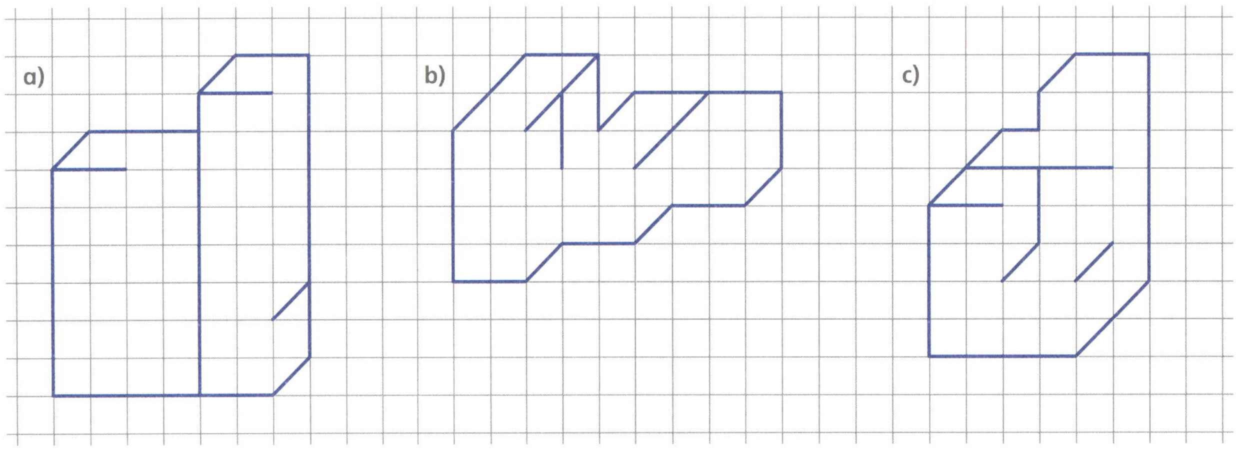

3 Erfinde ein eigenes Würfelgebäude aus sechs Würfeln. Zeichne den Bauplan und das dazugehörige Schrägbild.

Bauplan:

Schrägbild:

1 Von welcher Seite wurden die Gebäude fotografiert?

von rechts | von links | von hinten | von vorne | von oben

a)

b)

c)

2 Zeichne die vorgegebenen Ansichten.

a)

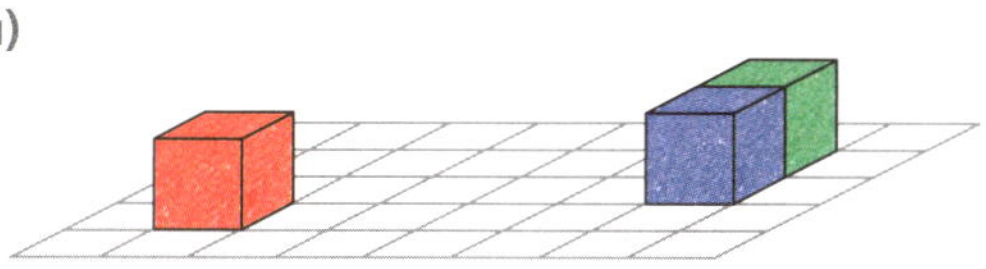

von rechts

von hinten

b)

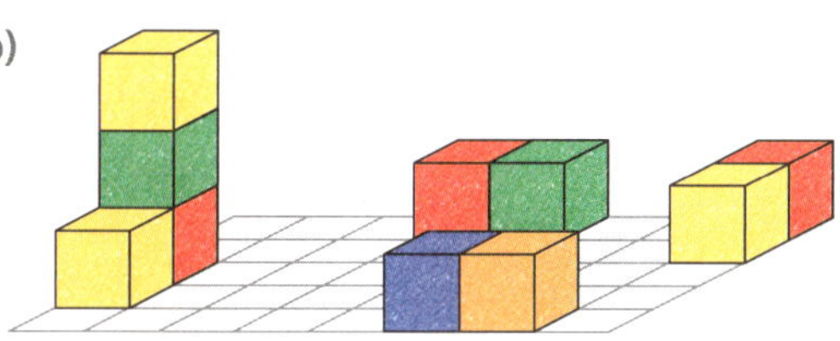

von vorne

von links

c)

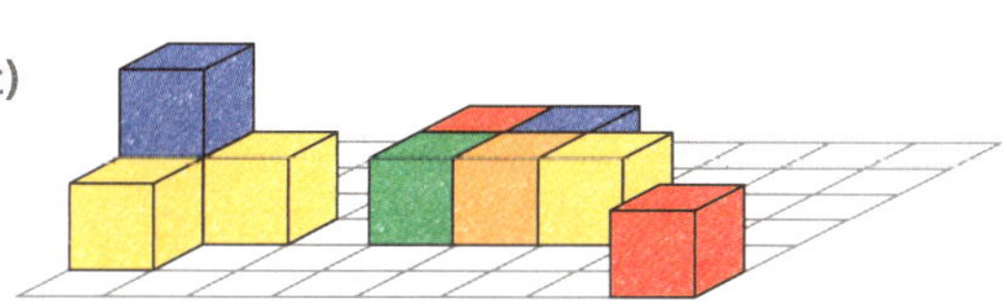

von hinten

von rechts

1 Hier siehst du dasselbe Bild aus zwei unterschiedlichen Richtungen. Finde die 7 Fehler im rechten Bild und kreise sie ein.

2 Welches Netz gehört zu der Pyramide?
Kreise ein.

a)

b)

3 Luisa geht in die Grundschule. Ihr Bruder Ben ist fünf Jahre jünger.
In zwei Jahren ist Luisa doppelt so alt wie Ben.
Wie alt sind die Geschwister?

Ben ist Jahre alt.

Luisa ist Jahre alt.